itokito

FRENCH STYLE SANDWICH

Contents 目錄

I SIMPLE SANDWICH

II FRENCH STYLE SANDWICH

Sandwich Sauce

....

〔食譜的原則〕

○所有三明治食譜都是一人份
　（熱狗麵包 1 個或土司 2 片）。

○ 1 大茶匙 15ml，1 小茶匙 5ml。

○奶油都是使用無鹽奶油。

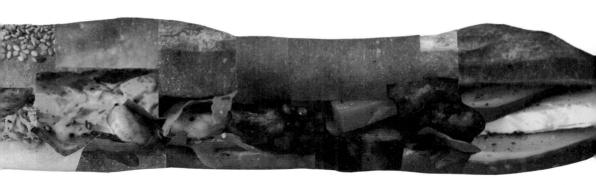

itokito

與三明治

三明治是讓人隨心所欲的食物，
用自己喜歡的麵包夾上喜歡的配料後，就能一口咬下，
不只能在餐桌前吃，還可以坐在公園的椅子上一邊發呆一邊享用，
而且因為方便帶著走，所以也能當作便當來吃，
不管是食用的地點還是時間，都不受拘束。

加上搭配的食材組合有無限的可能，所以想配什麼都看自己，
你可以簡單夾上火腿，也可以豪邁地把全餐的主菜給夾進去。
像這樣能夠直接把製作者的想法表現出來的三明治，
不只樂趣無窮、快樂無限，還是很棒又有深度的食物。

我所作的 itokito 三明治是法式三明治，
源於過去造訪法國時所吃到的「輕食」（casse-croûte），
雖然只是把長棍麵包單純夾上火腿和乳酪的簡單三明治，
但那絕妙的平衡和精心製作後的美味，至今依舊讓我難以忘懷。
於是，我常常想著，
不知道能不能把自己在餐廳或小酒館嘗到料理時的感動，
用一個三明治就重現出來？
如此一來，就能讓更多人輕鬆品嘗到法國料理，就好像有一種三明治，
可以讓人吃了就像用餐盤品嘗過道地的法國全餐一樣，
那樣一定會更有趣也更讓人感動，因為品嘗時，
總會有新的發現與驚奇，讓人一直保持著興奮與期待，
而這就是我的 itokito 三明治。

美味三明治的作法

你想做什麼樣的三明治呢？

製作三明治並沒有什麼困難的規定，
不管是用什麼樣的麵包或什麼樣的配料，只要夾在一起就是三明治。
不過，三明治的魅力雖然在於隨時隨地都能享用，
但反過來說，怎麼做出隨時隨地都好吃的三明治，就成了最重要的事情。
itokito 的三明治在剛做好的時候當然好吃，
可是我也試著去做出隔天早上也一定好吃的三明治。

另外，「方便食用」則是另一個關鍵，
因為三明治是屬於一口咬下的食物類型，
所以必須考量到食材方便入口的大小，以及配料和醬汁的適量搭配，
但最重要的就是你必須考量到食用的對象，
比如針對上了年紀的人和小孩子，你就必須準備軟一點的三明治，
而年輕人應該會喜歡配上魚或肉的三明治，吃起來會比較有口感。
只要想像著是什麼樣的人會用什麼樣的方式來吃三明治，
製作三明治就會變得很愉快，三明治自然也會變好吃。

雖然有能力把三明治做出相同的味道很重要，
但如果偶而能做出點變化也很好，
有時候帶著好玩的心，加入一點即興變化，
也許就會出現意想不到的發現或令人驚喜的美味，
我想，讓三明治好吃的醍醐味應該就藏在這些地方吧！

關於調味

跟一般的料理不同，三明治在調味上有它特別需要下功夫的地方。
就算三明治是直接吃就很美味的食物，
但因為配料被夾在麵包裡，所以味道會被掩蓋，
而且只要放的時間越久，味道就會慢慢變淡，
等到要吃的時候，味道可能已經混在一塊了。
所以怎麼取得三明治配料上的「味道平衡」，
讓三明治不管什麼時候都好吃，這點非常重要。

○ 醋與鹽

醋與鹽是三明治調味上的重要元素，
特別是酸味，不但能讓蔬菜與麵包搭在一塊，還能消除肉類的油膩感，
變成味道上的特色而對比出整體的深度，
是製作三明治時不可或缺的要素之一。
可是酸味很容易隨時間消失，所以 itokito 的三明治會大膽使用醋來調味，
但最後為了不讓味道太酸，就要使用鹽來取得平衡。
所以鹽對三明治來說，不單只是增加鹹味，
還能中和醋的酸味，讓味道轉變成柔和的甜味。

○ 和風調味料

itokito 的三明治平常也會使用醬油、味噌和芥末這些和風調味料，
用醬油提味，能讓醬汁呈現出更有深度的味道，
而為了延續辣味，會在第戎芥末醬裡加入少量的芥末。
在法國的食材和調味裡加入熟悉的和風調味料後，
對不習慣法式口味的人來說，也會神奇地變得很好入口。

○ 收尾的粗粒黑胡椒

黑胡椒是完成三明治前不可或缺的調味料，
而且是粗粒的黑胡椒，不是細顆粒的黑胡椒。
粗粒黑胡椒跟香氣、味道容易散去的細顆粒黑胡椒不同，
就算經過一段時間也不容易變質，在咬下去的瞬間，
香氣和刺激的辣味就會在口中爆發，成為爽快的風味。

itokito 的調味料

鹽

[粗鹽] 事先使用在魚類或肉類上來帶出食材的鮮味。

[粒鹽] 帶有甜味的天然海鹽，可以在最後調味時用來增添風味。

[精緻鹽] 因為顆粒細小容易溶解，所以最適合用於製作醬汁或醃製食品。

醋

[紅酒醋] 具有獨特的香氣和澀味，大多用在煮過的醬汁裡，也會用在淋醬裡，讓味道更濃郁。

[白酒醋] 有新鮮的香味與順口的酸味。想賦予食物清爽的味道，或想製作浸漬蔬菜時，都能使用。

[巴薩米克醋] 大多是在長時間熬煮後，把巴薩米克醋本身的甜味與醇厚活用於醬汁上。

砂糖

[細砂糖] 想讓味道帶有強烈而突出的甜味時，可以使用，燉煮無花果或鳳梨，或是醃漬蔬菜時，也都可以使用。

[甜菜糖] 特色是既天然又帶有溫和的風味，想要表現出柔和的甜味時，可以使用。

黑胡椒

[細顆粒] 想要預先幫魚、肉調味或浸漬時，都可以使用。

[粗粒] 三明治必備的風味，最後調味時一定要用。

芝麻醬

使用跟醋速配的白芝麻，用在味道輕淡的肉類上，能夠當作讓味道更濃郁的提鮮輔助調味料。

麻油

具有炒芝麻和芝麻醬所沒有的芳香氣味。可以用來幫肉類預先調味，或是增加醬汁的香氣。但因為香氣濃郁，要注意別用太多。

普羅旺斯香草

混合百里香、鼠尾草、迷迭香以及茴香的綜合香料，是用來消除魚類、貝類、豬肉、雞肉腥味，或增加食物香氣的重要調味料。

大蒜粉

是一種很便利的調味料，香氣比新鮮大蒜溫和，可以增加一點風味，或是用來幫醬汁提味。

芥末

[第戎芥末醬] 在法國是很常見的芥末，可以直接塗在麵包上，也可以加進美乃滋裡，屬於萬用百搭的芥末。

[顆粒芥末醬] 味道比第戎芥末醬更柔和，大量用在香腸和烤豬肉之類的肉類料理上會很美味。

月桂葉

可以用於燉煮料理和浸漬醃漬物中，是能夠中和蔬菜澀味的香草。

迷迭香

跟肉類料理和馬鈴薯很對味，有乾燥和新鮮二種，但具有強烈香氣的新鮮迷迭香比較常用。

奶油

除了塗抹在麵包上之外，也會在嫩煎食材、想讓味道更濃郁時使用，而且為了便於想像整體的味道，只會使用無鹽的奶油。

關於烹飪

因為三明治多半是冷食,所以製作三明治的大前提就是要讓它放涼了也好吃,為此就要多下點工夫,盡可能拉長保存的時間,並選擇適合長時間保存的烹調方式。

○ 好好地烹調過

再怎麼新鮮的魚或肉都要好好烹調過,這點很重要。
像油封豬肉或用烤箱完成的烤豬肉,
因為都是經過長時間的低溫加熱,所以很適合用於三明治。
蔬菜大多也是選擇醃漬或浸漬之類適合保存的調理方式。
另外,日本料理中的保存食品也有味噌醃漬和醬油醃漬的方式,
因為含有防止腐壞的鹽分,所以也很適合用於三明治。

○ 不管怎樣都要瀝乾水分

水分是三明治的頭號公敵,在使用葉菜類蔬菜時要特別注意,
蔬菜一旦有水分殘留的話,淋醬和醬汁就不容易入味,
腐壞當然也會提早,所以在使用葉菜類時,
一定要用蔬菜脫水器之類的把水分瀝乾,
而且還有一個重點,要選用久放也不容易軟掉的蔬菜,
推薦使用義大利芝麻菜或萵苣,因為就算夾在三明治裡也不容易萎軟。

○ 一開始就塗上奶油的理由

在三明治的麵包裡抹上奶油或美乃滋之類的油脂,
並非只是味道考量,而是為了在麵包上形成一層保護膜,
來防止食材的水分滲進麵包裡,因為麵包的口感如果隨時間而變差,
特地製作的三明治就泡湯了,所以這是不可欠缺的步驟。
另外,使用熱狗麵包來做三明治時,
訣竅在於不要把麵包完全切開,這雖然是小細節,
但只要做到了,配料跟醬汁就不會在咬下時噴濺出來,
會變得更方便食用。

關於麵包

配料決定後，就要挑選適合搭配的麵包。

想讓麵包跟配料合為一體，有 2 點需要注意，

首先是「調味」。

如果是味道強烈的配料或肥肉部位較多的肉類，

就要選擇黑麥麵包這種本身特色鮮明的類型；

反之，配料如果口味清爽，

就會推薦使用百搭的法國麵包。

第二點是「口感」。

基本上，軟性的配料要配軟式麵包，

有嚼勁的配料就要搭配硬式麵包，

否則吃的時候，會因為硬度不同而不好入口，

最後留下不紮實的印象。

不過，只有柔軟的口感，有時也會顯得太過單調，

所以軟性食材也能搭配口感上軟硬兼具的黑麥土司，

或是長棍麵包，透過微妙的組合來取得平衡。

1　法國麵包
這是基本款的百搭硬式熱狗麵包，帶有適度的嚼勁，不但方便食用，還很全能，搭配任何食材都很適合，下頁會介紹這種麵包的作法。

2　黑麥熱狗麵包
摻進黑麥粉的熱狗麵包，帶有黑麥獨特的香氣，跟特色鮮明的乳酪、肥肉部位較多的肉類以及新鮮蔬菜搭配也很適合。itokito 的黑麥麵包配方有著容易入口的特色。

3　軟式熱狗麵包
柔軟的熱狗麵包在製作的時候使用了奶油，跟軟性的配料很好搭，麵團本身帶有微甜的感覺，很適合搭配甜配料或甜醬汁。

4　白土司
在 itokito 店內只用來製作水果三明治。

5　黑麥土司
一樣是土司，但是用了跟黑麥熱狗麵包一樣的麵糰，特色是就算搭配重口味的培根、番茄醬汁以及鮭魚等也不會遜色，風味絕佳而且柔軟，所以很容易跟各種配料搭配。

6　長棍麵包
切成 1/8 大小的麵包片，可以用來做開放式三明治。

itokito

三明治麵包的作法

作為三明治主角，也擔任配角的麵包作法。
介紹具有代表性的法國麵包食譜。

法國麵包的作法

（8 根份）

中筋麵粉（日清品牌的百合花麵粉）……500g（100%）

粗鹽……10g（2%）

速發酵母粉……2.5g（0.5%）

麥芽糖……2.5g（0.5%）

水……345 ～ 350g（69 ～ 70%）

※（）內為「烘焙比例」，即麵粉作為 100% 的基準時，
  其他材料相對於麵粉的比例。

....

［揉麵］

1 在調理碗內放入麵粉、鹽和酵母，然後用刮板攪拌。

2 把水跟麥芽糖混合後加到步驟 **1** 的調理碗內，用刮板繼續攪拌。

3 攪拌到一個程度後，取出放到工作臺上。

4 在工作臺上用手壓推麵糰，就像是在摩擦臺面一樣揉麵。

5 等麵糰好像可以從臺面剝離時，把麵糰砸到臺面上後折疊，再旋轉 90 度，然後不斷
   重複這些動作，直到麵糰表面變得光滑為止。

6 把麵糰拉開，確認能否形成半透明的薄膜，膜要像和紙一樣透薄，揉麵才算完成。

Point
過程中麵糰要是黏
在臺面上，就用刮
板剷起往麵糰刮
去，繼續揉麵。

Point
揉麵完成的麵糰，理想溫度
是 22 ～ 23℃。為了不讓溫
度太高而不易發酵，也為了
消除粉味和粉香，在上手前
可以先把準備使用的中筋麵
粉和水放到冰箱冷藏後再使
用，製作時會比較簡單。

揉麵完成

一小時候

Point
夏天時就算放在室溫下也能發酵，但冬天時必須費點功夫，例如放在浴缸裝滿熱水的浴室裡。

壓出空氣後

[一次發酵]

7 把麵糰放入調理碗，蓋上保鮮膜後，放在溫度 30 度、濕度 75％左右的環境裡發酵一小時。

8 拿出麵糰，稍微撒些麵粉，用手壓麵糰來排氣。橫向折三折、縱向折三折後，把折縫處向下，重新放回調理碗，並蓋上保鮮膜，放置在跟步驟 **7** 一樣的環境裡，再發酵一小時。

發酵完成

9

10

[分割]

9 把麵糰分割成各 100g 的大小。

10 在手中搓揉麵糰，使麵糰形成表面光滑的橢圓丸狀。

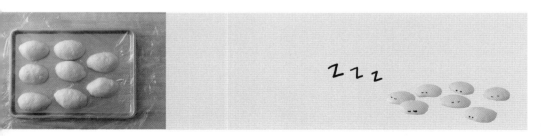

[冷藏發酵]

11 把麵糰排在鋪上保鮮膜的淺盤裡，再蓋上保鮮膜，封閉後放入冰箱一晚。

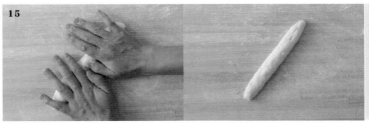

[成形]

12 從冰箱拿出麵糰,繼續蓋著保鮮膜靜置 15 分鐘,讓麵團恢復到室溫。

13 把麵糰放到工作臺上,輕壓麵糰,就像是要讓它排氣一樣,稍微伸展一下麵糰。

14 以三等分的方式把麵糰從上下邊緣往內折,然後再對折,用掌心根部好好壓緊折口。

15 把手掌放在麵糰上,像是要把空氣排出那樣,從中央向兩端搓動,搓成 20 公分長的棒狀。
如果還留有空氣,就要拍打麵糰把空氣拍掉。

Point
沒有帆布的時候,可直接把麵糰放在烤盤上進行二次發酵,然後直接送進烤箱烤。

[二次發酵]

16 用帆布做出折痕,然後把麵糰放在折痕與折痕之間,再放在溫度 30 度、濕度 75% 的
環境下進行 15 ~ 20 分鐘的二次發酵。

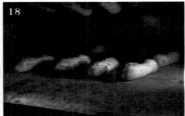

[烤]

17 把麵糰移至烤盤上,用剃刀斜劃上 2 條切面。

18 把麵糰放進預熱到 230 度的烤箱裡烤 20 ~ 23 分鐘。

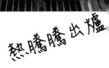
熱騰騰出爐

I

簡單夾進配料就能享用！

SIMPLE
SANDWICH

這裡都是只要切開麵包、夾進配料，
就能完成的美味三明治。
請享用所有配料搭配後的美好成果。

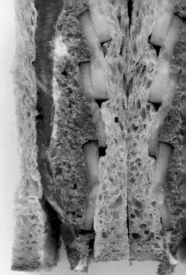

BLT

厚切的鮮味培根與口感清脆的萵苣一同夾上新鮮的番茄。
正因為簡單才能夠直接傳達食材的美味，是 itokito 的基本款三明治。

黑麥土司……2 片
培根切片（厚切）……1 片（20g）
萵苣（手撕）……3 片
番茄……切成 5mm 圓薄片，1 片
美乃滋……10g
黃芥末、奶油、黑胡椒……各少許

1　培根用平底鍋稍微嫩煎（Sauté）一下。
2　在黑麥土司上面抹上奶油。
3　依序疊上萵苣、美乃滋、番茄以及嫩煎過的培根，
　　塗上黃芥末並撒上黑胡椒，再蓋上另一片土司做
　　成三明治。
4　在三明治上方壓上重石後，放置 10 分鐘左右，
　　再對半切開。

鹽醃牛肉小黃瓜番茄三明治

鹽醃牛肉配上新鮮蔬菜十分清爽，有著大蒜若隱若現的勁味。

黑麥土司……2 片
鹽醃牛肉（撥碎）……40g
小黃瓜……斜切成薄片，4 片
番茄……切成 5mm 圓薄片，1 片
美乃滋……10g
大蒜、黃芥末、奶油、黑胡椒……各少許

....

1　拿一片黑麥土司，上面先刷過大蒜，再塗上奶油，然後另一片塗上奶油和黃
　　芥末。
2　在刷過大蒜的土司依序疊上小黃瓜、鹽醃牛肉、美乃滋以及番茄，撒上黑胡
　　椒後，蓋上另一片土司做成三明治。
3　在三明治上方壓上重石後，放置 10 分鐘左右，再對半切開。

油漬風乾番茄奶油乳酪三明治

濃郁的奶油乳酪與味道深邃的油漬風乾番茄是出類拔萃的組合，
最後還撒上刺激食慾的迷迭香。

黑麥熱狗麵包……1 個
油漬風乾番茄（對半切）……4 顆
奶油乳酪（放至常溫）……30g
迷迭香（乾燥）、奶油、鹽、黑胡椒……各少許

....

1　切開黑麥熱狗麵包，於內側塗上奶油。
2　塗上奶油乳酪後排上油漬風乾番茄，然後撒上迷迭香、鹽以及
　　黑胡椒。

酪梨里肌火腿酸黃瓜三明治

想大啖酪梨時可製作這款豐盛的三明治。
芝麻醬的香氣和濃郁，跟酪梨意外地一拍即合。

法國麵包……1 個
酪梨（切片）……1/4 個
里肌火腿片（對半切）……1 片
酸黃瓜……3 根
義大利芝麻菜、美乃滋、芝麻醬、
　　奶油、鹽、黑胡椒……各少許

1　切開法國麵包，於內側塗上奶油。
2　依序疊上里肌火腿、義大利芝麻菜、酪梨、酸黃瓜，
　　再加上美乃滋與芝麻醬，並撒上鹽和黑胡椒。

帕馬森乳酪培根三明治

單手就能享用的「凱撒沙拉」，不妨夾進厚厚的培根，
再大膽加上帕馬森乳酪，做出道地的口味就是 itokito 的風格。

菊苣沙丁鯷魚三明治

「鯷魚 × 沙丁魚」的清爽三明治。
鹽漬鯷魚的鹹味帶出了油漬沙丁魚的味道。
菊苣的微微苦味也是重點所在。

黑麥熱狗麵包……1 個
油漬沙丁魚……2 尾
鹽漬鯷魚（撕成小段）……1/2 片
菊苣……葉子 3 片
洋蔥（切片揉上鹽巴）……少許
美乃滋、酸豆、奶油、黑胡椒……各少許

1　切開黑麥熱狗麵包，於內側塗上奶油。
2　排上菊苣，塗上美乃滋，再放上油漬沙丁魚。
3　放上洋蔥和酸豆，把鯷魚弄散加上去，最後撒上鹽
　　和黑胡椒。

黑麥熱狗麵包……1 個
帕馬森乳酪（削成薄片）……10g
培根切片（厚切）……20g
萵苣（手撕）……2 片
美乃滋……10g
大蒜、黃芥末、奶油、黑胡椒……各少許

1　培根切成容易入口的大小，用平底鍋稍微嫩煎一下。
2　切開黑麥熱狗麵包，於內側先刷上大蒜再塗上奶油。
3　依序疊上萵苣、美乃滋、步驟 1 的培根以及乳酪，再撒上黑胡椒。

羊奶乳酪與
煙燻鮭魚的三明治

雖然說到煙燻鮭魚大家就會想到奶油乳酪，
但我使用的卻是羊奶乳酪，因為會讓富含油脂的鮭魚更顯清爽。

法國麵包……1 個
羊奶乳酪……40g
煙燻鮭魚……20g
番茄……切成 5mm 厚的半圓形，3 片
新鮮羅勒……3 片
大蒜、橄欖油、奶油、鹽、黑胡椒……各少許

1　切開法國麵包，於內側先刷過大蒜
　　再塗上奶油。
2　依序疊上羅勒、番茄、煙燻鮭魚，
　　淋上橄欖油，放上乳酪（chèvre），
　　最後撒上鹽和黑胡椒。

蜂蜜生火腿與藍紋乳酪的三明治

生火腿與戈貢佐拉藍紋乳酪雖然是兩種特色鮮明的食材組合，
但是卻跟蜂蜜和核桃的圓潤口感完美融合在一塊。

法國麵包……1 個
生火腿……10g
戈貢佐拉藍紋乳酪……25g
核桃（直接空煎後再用手剝開）……20g
蜂蜜……10g
奶油、黑胡椒……各少許

1 把核桃跟蜂蜜拌在一起。
2 切開法國麵包，於內側塗上奶油。
3 夾進生火腿，放上用手剝碎的乳酪和步驟 1 的蜂蜜核桃，
   再撒上黑胡椒。

新鮮無花果與生火腿的三明治

巴薩米克醋與橄欖油的香氣，把新鮮無花果那細緻又柔和的甜
味與生火腿連結起來，是到了夏天會想吃的三明治。

黑麥熱狗麵包……1 個
新鮮無花果（剝皮、切成 3 等分）……3/4 顆
生火腿……10g
巴薩米克醋、橄欖油、奶油、鹽、黑胡椒……各少許

1 把巴薩米克醋與橄欖油混合在一塊，再用鹽調味製成醬汁。
2 切開黑麥熱狗麵包，於內側塗上奶油。
3 放上生火腿與無花果，淋上步驟 1 的醬汁，再撒上黑胡椒。

II

FRENCH STYLE SANDWICH

itokito 的招牌是從法國學成歸國的美味三明治。
而且 itokito 的三明治從基本款到衍生的變化，
都能讓人從頭到尾享受美味和樂趣。

康門貝爾乳酪和
火腿小黃瓜的三明治

火腿配乳酪是法國最基本的組合，製作重點在於自製的美乃滋，
其溫和的風味會讓味道更有深度。

法國麵包……1 個
康門貝爾乳酪（切片）……15g
里肌火腿片（對半切）……1 片
小黃瓜……斜切成薄片，3 片
特製美乃滋（p.50）……25g
奶油、黑胡椒……各少許

1　切開法國麵包，於內側塗上奶油與美乃滋。
2　依序夾進里肌火腿片、康門貝爾乳酪以及小黃瓜，
　　再撒上黑胡椒。

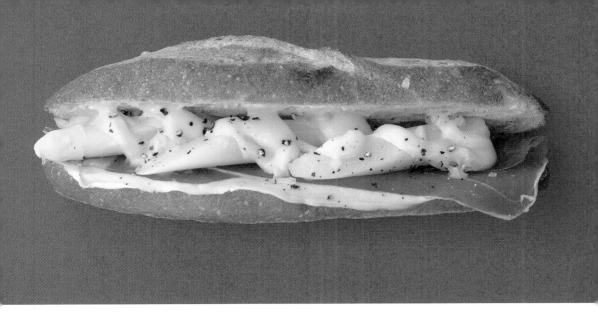

白蘆筍與生火腿的三明治

這是單純享受產季時間很短的白蘆筍所做的三明治。
自製的美乃滋因為加進了洋蔥，就變成了另一種醬汁，吃起來也很美味！

法國麵包……1 個
白蘆筍……1 根
生火腿……1 片
洋蔥（切成細丁）……少許
特製美乃滋（p.50）……15g
鹽、奶油、黑胡椒……各少許

1 白蘆筍切掉根部後，把下方 1/3 部分的皮用削皮刀削去，再用加了額外鹽巴的熱湯水煮 2 分鐘左右，然後斜切成 3 等分。

2 用鹽搓揉洋蔥後，在水中稍微浸泡，然後瀝乾水分。

3 切開法國麵包，於內側塗上奶油。

4 依序夾進生火腿和步驟 **1** 的白蘆筍，再淋上美乃滋，把步驟 **2** 的洋蔥撥散放上，最後撒上黑胡椒。

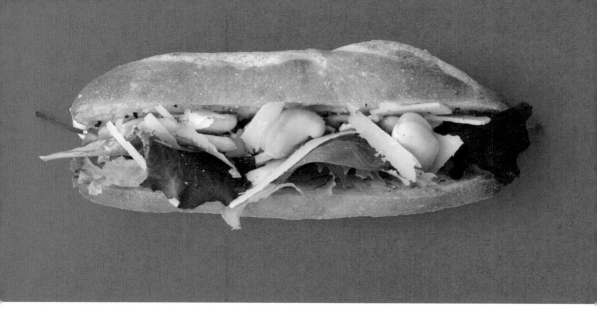

蠶豆與佩克里諾乳酪的三明治

特色有些突出的佩克里諾乳酪與口感鬆軟的蠶豆搭配，
是一款沙拉風味的三明治，其中凱撒醬汁的蒜味是成就美味的關鍵。

法國麵包⋯⋯1 個
蠶豆（用鹽水煮過）⋯⋯4 顆
佩克里諾乳酪（切片）⋯⋯5g
生菜嫩葉⋯⋯5g
凱撒醬汁（p.52）⋯⋯10g
奶油、黑胡椒⋯⋯各少許

1　切開法國麵包，於內側塗上奶油。
2　夾進生菜嫩葉，放上蠶豆和佩克里諾乳酪。
3　淋上凱撒醬汁，撒上黑胡椒。

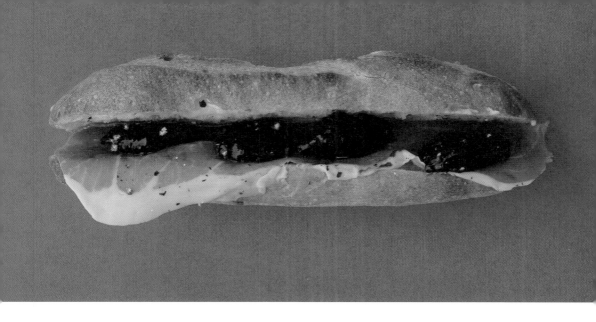

生火腿與梅乾的三明治

把煮到像果醬一樣的梅乾搭配熟成後的生火腿，
是新鮮的組合，跟紅酒的味道很搭，屬於大人的風味。

法國麵包……1 個
生火腿……1 片（10g）
紅酒煮梅乾……4 片
奶油、黑胡椒……各少許

1 切開法國麵包，於內側塗上奶油。
2 夾進生火腿，放上梅乾，再撒上黑胡椒。

紅酒煮梅乾的作法　（方便製作的分量）

梅乾（對半切）……75g
紅酒……100g
巴薩米克醋……50g
細砂糖……20g

1 把梅乾與紅酒放入鍋裡熬煮，用中火收乾一半的量。
2 倒進巴薩米克醋後，再進一步收乾一半。
3 倒入細砂糖後把火轉小，攪拌到全部溶解為止。
4 在冰箱裡放一整晚。

雞蛋與里肌火腿的三明治

標準的雞蛋三明治，好吃的祕訣在於
多放一些跟黑麥麵包很搭的酸黃瓜，樸素的味道簡單又好吃。

黑麥土司……2 片
雞蛋沙拉……35g
里肌火腿……1 片
酸黃瓜（切片）……3 根
奶油、黑胡椒……各少許

1　在黑麥土司上面塗上奶油。
2　把酸黃瓜縱排在土司中央，再依序放上里肌火
　　腿和雞蛋沙拉，然後撒上黑胡椒，蓋上另一片
　　土司做成三明治。

雞蛋沙拉的作法　（方便製作的分量）

水煮蛋（全熟）……1 顆
美乃滋……17g
鹽、黑胡椒、細砂糖……各少許

1　把水煮蛋放進調理碗，用壓泥器壓碎。
2　把所有調味料加進去混合。

羅勒與番茄的雞蛋三明治

意想不到的組合，是經過巧妙安排所變化的雞蛋三明治。
加進了風味濃郁的番茄醬汁和羅勒後，就變成了不同的滋味。

黑麥土司……2 片
雞蛋沙拉（p.30）……35g
酸黃瓜（切碎）……1 根
普羅旺斯香草……少許
番茄醬汁（p.54）……1 大茶匙
新鮮羅勒……4 片
奶油、黑胡椒……各少許

1　在黑麥土司上面塗上奶油。
2　把雞蛋沙拉、酸黃瓜、普羅旺斯香草混在一塊。
3　把番茄醬汁、步驟 2 的材料以及羅勒放上土司，
　　再撒上黑胡椒，蓋上另一片土司做成三明治。

法式鹹派風杏鮑菇番茄三明治

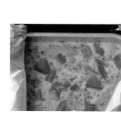

大量夾進加了濃郁鮮奶油的法式鹹派（Quiche）風歐姆蛋，
再加上酥脆的培根增添充滿香氣的鮮味，美味程度比法式鹹派更上一層。

軟式熱狗麵包……1 個
法式鹹派……50g
培根……1 片
奶油、黑胡椒、美乃滋……各少許

1　在平底鍋上嫩煎培根，把表面煎到焦脆。

2　切開軟式熱狗麵包，於內側塗上奶油和美乃滋。

3　依序在麵包上夾進培根和法式鹹派，再撒上黑胡椒。

法式鹹派的作法

（一個 21×27cm 的淺盤分量）

洋蔥（切成 2cm 厚的扇形）……1 顆
番茄（切成 3cm 的角丁）……2 顆
杏鮑菇……2 朵　　對半橫切成 3mm 厚的片狀
蛋……2 顆
蛋黃……2 顆的分量
鮮奶油……70g
奶油、鹽、黑胡椒、大蒜粉、
　普羅旺斯香草……各少許

1　把奶油放進平底鍋加熱，然後把洋蔥炒到透明。

2　把杏鮑菇加進去炒，等變軟後再加進鹽、黑胡椒與大蒜粉輕輕拌炒。

3　把步驟 2 的材料和番茄平均地擺入淺盤。

4　把蛋跟蛋黃放進調理碗裡打散，再加進鮮奶油攪拌，要小心不要攪到發泡。

5　把鹽、黑胡椒、普羅旺斯香草也加進去攪拌，然後再倒到步驟 3 的淺盤裡，並蓋上鋁箔紙。

6　用尺寸大上一圈的另一個淺盤裝水煮滾，然後把步驟 5 的淺盤放上去，用 180℃的烤箱隔水加熱。

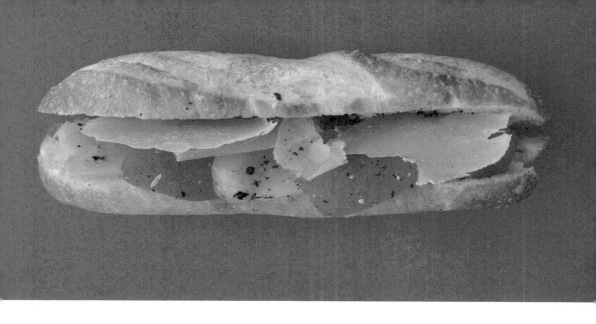

甜椒與米莫雷特乳酪三明治

浸漬蔬菜經過一晚的醃漬，其酸味跟米莫雷特乳酪經過熟成後
的濃郁味道剛好絕配，適合搭配白酒一起享用。

法國麵包……1 個
浸漬甜椒（紅、黃）……各 2 小片
米莫雷特乳酪（切片）……10g
奶油、黑胡椒……各少許

1　切開法國麵包，於內側塗上奶油。
2　把浸漬甜椒擺上，再撒上米莫雷特乳酪以及黑
　　胡椒。

浸漬甜椒的作法 （方便製作的分量）

甜椒（紅、黃）……各 1 顆
法式油醋醬（p.51）……120g
月桂葉……1 片

1　直接用火把甜椒表皮烤到焦黑，然後一邊浸水
　　一邊把皮剝掉，瀝乾水分後切成 3cm 寬。
2　在法式油醋醬（sauce vinaigrette）裡加入月桂
　　葉和步驟 1 的甜椒，然後放著浸漬一整晚。

奶油嫩煎牛肉與紅蘿蔔絲的三明治

把鹽醃牛肉塊用奶油煎到酥脆，然後豪邁地夾進三明治裡。
散發小茴香香氣的紅蘿蔔絲，帶有清爽的酸味，能帶出肉香。

黑麥土司……2 片
鹽醃牛肉（塊）……30g
紅蘿蔔絲……30g
太白粉、奶油、美乃滋、
　　黑胡椒……各少許

1　鹽醃牛肉塊裹上太白粉。
2　把奶油放入平底鍋加熱，再把鹽醃牛肉塊嫩煎到表面酥脆。
3　在黑麥土司上面塗上奶油。
4　依序在土司疊上紅蘿蔔絲、步驟 2 的牛肉以及美乃滋，然後撒上黑胡椒，蓋上另一片土司做成三明治。

紅蘿蔔絲的作法

紅蘿蔔（切細絲）……2 根
柳橙（取出果肉，分成 3 等分）……1 顆
洋蔥（切成細絲）……1/2 顆
醬油……50g
白酒醋……70g

鹽……5g
小茴香籽……3g
黑胡椒……少許

1　把所有的材料放進調理碗，好好攪拌。

鹽醃牛肉與高麗菜的三明治

把馬鈴薯粗略拌入鹽醃牛肉裡，做成肉醬風格，
加上發揮酸味的涼拌高麗菜和黑麥麵包的香味，三者合而為一才成就了美味。

黑麥土司……2 片
鹽醃牛肉肉醬……40g
高麗菜（切成細絲）……20g
白酒醋……少許
奶油、第戎芥末醬、美乃滋、
　　黑胡椒……各少許

1　高麗菜絲淋上白酒醋後攪拌均勻。
2　黑麥土司上面抹上奶油和芥末醬。
3　把步驟 1 的高麗菜絲和鹽醃牛肉醬放上土司，然後加上美乃滋，撒上黑胡椒，最後蓋上另一片土司做成三明治。

鹽醃牛肉肉醬的作法　（方便製作的分量）

鹽醃牛肉（撥碎）……50g
馬鈴薯……75g
牛奶……10g
美乃滋……5g
肉豆蔻、醬油、橄欖油、乾燥巴
西利、鹽、黑胡椒……各少許

1　趁熱剝去煮熟馬鈴薯的皮，再放進調理碗裡搗碎。
2　把所有材料放進步驟 1 的調理碗裡混合拌勻。

鮪魚的芝麻麵包三明治

這款鮪魚三明治的目標是要突顯主角，所以特色在於
哪裡都找不到的咖哩風味鮪魚醬，但也要講究調味料的使用平衡。

軟式熱狗麵包（帶芝麻）……1 個
鮪魚醬……40g
酸黃瓜……少許
奶油、黑胡椒……各少許

1 切開軟式熱狗麵包，於內側塗
上奶油。

2 塗上鮪魚醬後放上酸黃瓜切片，
再撒上黑胡椒。

鮪魚醬的作法 （方便製作的分量）

瀝掉油脂

鮪魚罐頭……2 罐（160g）
洋蔥（切碎）……1/8 顆
橄欖油……20g
美乃滋……5g
白酒醋……5g
鹽……1/3 小茶匙
咖哩粉……1/4 小茶匙
普羅旺斯香草、大蒜粉、黑胡椒……各少許

1 平底鍋倒入橄欖油加熱，再放
進洋蔥炒嫩煎到稍微上色。

2 把鮪魚和步驟 **1** 的洋蔥放進在
調理碗後，再加入其他調味料
混合。

魚子泥沙拉的三明治

把地中海地區常吃的魚子泥沙拉（Taramasalata）用 itokito 的風格加以改變，搭配蘆筍清脆的口感和香氣，能增添很好的風味。使口感與風味更加美妙。

法國麵包……1 個
蘆筍……1 根
魚子泥沙拉……60g
奶油、黑胡椒……各少許

1 蘆筍切掉根部後，把下方 1/3 部分的皮用削皮刀削去，再用加了額外鹽巴的熱湯水煮 2 分鐘左右，然後斜切成 4 等分。
2 切開法國麵包，於內側塗上奶油。
3 依序放入魚子泥沙拉和步驟 **1** 的蘆筍，再撒上黑胡椒。

魚子泥沙拉的作法　（方便製作的分量）

明太子（剝掉薄皮）……1 條
馬鈴薯……2 個
奶油……8g
檸檬汁……5g
美乃滋……40g
牛奶……5g
鹽、黑胡椒……各少許

1 馬鈴薯削皮後燙熟。
2 把步驟 **1** 的馬鈴薯跟奶油、明太子一起放進調理碗裡搗碎。
3 把檸檬汁、美乃滋以及牛奶加進去攪拌，再用鹽和黑胡椒調味。

煙燻鮭魚與嫩煎蕪菁的三明治

蕪菁用奶油嫩煎到酥脆，跟富含油脂的煙燻鮭魚搭配組合，
再配上蒜味的酸醬就能清爽地享用。

黑麥熱狗麵包……1 個
煙燻鮭魚……25g
蕪菁……切成 5mm 厚的半圓形，2 片
蕪菁葉（切成大段）……少許
酸奶油醬汁……10g
義大利芝麻菜……5g
高筋麵粉、奶油、黑胡椒……各少許

1 把蕪菁裹上高筋麵粉，再抖掉多餘的粉，然後放著備用。
2 奶油放進平底鍋加熱後，把步驟 1 的蕪菁表面嫩煎到微焦。再把蕪菁葉用奶油炒到變軟。
3 切開黑麥熱狗麵包，於內側塗上奶油。
4 依序放上芝麻菜、蕪菁及煙燻鮭魚，然後分散放上蕪菁葉，淋上酸奶油，撒上黑胡椒。

酸奶油醬汁的作法

凱撒醬（p.52）……5g
酸奶油……5g

1 把全部材料放進調理碗裡混合攪拌。

康門貝爾乳酪與甜椒沙拉的三明治

這個三明治是在火腿和小黃瓜之外，用康門貝爾乳酪試做時所完成的。
製作醃漬蔬菜花了很多功夫，相當奢侈，可以當做配料也可以當作醬汁。

法國麵包……1 個
康門貝爾乳酪……20g
醃茄子與甜椒……50g
奶油、黑胡椒……各少許

1 切開法國麵包，於內側塗上奶油。
2 依序夾進醃茄子與甜椒、康門貝爾乳酪，
　　再撒上黑胡椒。

醃茄子與甜椒的作法

（方便製作的分量）

茄子（對半橫切後縱切成 4 等分）……1 條
甜椒（紅、黃各切成 2cm 寬的長條狀）
　　　……各 1/2 顆
鴻喜菇（分成小株）……1 包
洋蔥（切碎）……1/4 顆
大蒜（切碎）……1/2 瓣
橄欖油……2 大茶匙
白酒醋……2 大茶匙
鹽、黑胡椒……各少許

1 用額外 180℃的油直接炸茄子，然後撒
　　上鹽巴。
2 平底鍋倒入橄欖油和大蒜，用小火把大
　　蒜炒到變色。
3 把洋蔥加進去炒到透明，再加入甜椒和
　　鴻喜菇進一步炒過。
4 甜椒變軟後，關火加入步驟 **1** 的茄子以
　　及白酒醋、鹽和黑胡椒混合。
5 放涼後移到淺盤裡，再放入冰箱冰一晚。

蔬菜滿點的鷹嘴豆泥三明治

itokito 店內人氣居高不下的三明治，用花生泥調出濃郁口味的鷹嘴豆泥（hummus），並巧妙融合了酸味，只要吃過一次就絕對會上癮。

黑麥熱狗麵包……1 個
鷹嘴豆泥……35g
紅蘿蔔絲（p.35）……15g
義大利芝麻菜……5g
用於鷹嘴豆泥的優格醬……10g
奶油、黑胡椒……各少許

1　切開黑麥熱狗麵包，於內側塗上奶油。
2　依序放上義大利芝麻菜、紅蘿蔔絲和鷹嘴豆泥，再淋上優格醬，撒上黑胡椒。

鷹嘴豆泥的作法 （方便製作的分量）

鷹嘴豆（泡一晚的水）……250g（乾燥）
芝麻醬（白芝麻）……120g
花生泥……75g
橄欖油……60g
檸檬汁……50g
大蒜……40g
鹽……20g
細砂糖……25g
小茴香粉……1/2 小茶匙
黑胡椒……1/2 小茶匙

1　把鷹嘴豆水煮後放涼，煮豆水要留著備用。
2　用食物調理機把大蒜打碎後，再加入步驟 1 的鷹嘴豆打成泥狀。
3　加入剩下的材料，一邊用步驟 1 的煮豆水調整豆泥的軟硬度，一邊打到滑順的泥狀為止。

用於鷹嘴豆泥的優格醬 （方便製作的分量）

優格醬（p.52）……全部的量
小茴香粉……1/2 小茶匙
香菜粉……1/2 小茶匙

1　把所有材料好好混在一塊。

夏季蔬菜的普羅旺斯雜燴與油炸鷹嘴豆餅的三明治

在中東地區被夾在皮塔餅裡的「油炸鷹嘴豆餅」（Falafel），跟黑麥麵包也很對味。
在三明治裡夾進大量使用夏季蔬菜做成的普羅旺斯雜燴（ratatouille），非常奢侈。

黑麥熱狗麵包……1 個
普羅旺斯雜燴……45g
油炸鷹嘴豆餅……2 個
用於油炸鷹嘴豆餅的優格醬……10g
水菜、奶油、黑胡椒……各少許

1　切開黑麥熱狗麵包，於內側塗上奶油。
2　依序放上水菜、普羅旺斯雜燴、油炸鷹嘴豆餅，
　　淋上優格醬，撒上黑胡椒。

普羅旺斯雜燴的作法　（方便製作的分量）

甜椒（紅、黃）……各 1 顆
番茄（切成 2cm 角丁）……1 顆
茄子（切成 2cm 寬長條）……2 條
櫛瓜（切成 2cm 寬長條）……1 條
大蒜（切片）……1 小瓣
鹽、黑胡椒……各少許

1　把額外橄欖油倒進平底鍋，
　　用小火把大蒜炒到上色。
2　加進番茄和甜椒炒過，等甜
　　椒變軟加入茄子與櫛瓜拌炒。
3　等到食材都熟了，用鹽和黑
　　胡椒調味。

油炸鷹嘴豆餅作法　（方便製作的分量）

鷹嘴豆（泡一晚的水）……250g（乾燥）
大蒜……5g
洋蔥……135g
小茴香粉……1 小茶匙
卡宴辣椒粉、印度綜合香料、香菜粉
　　……各少許的 1/2 茶匙

1　用食物調理機把大蒜和洋蔥攪碎，再加入鷹嘴豆，打成
　　稍微帶顆粒的泥狀。
2　把步驟 1 的材料倒進調理碗裡，加進所有調味料混合。
3　把豆泥揉成約 15g 的丸子，再壓成圓盤狀。（照片 a）
4　用 180℃的油炸成深咖啡色。（照片 b）

a　　　　　　　　　b

用於油炸鷹嘴豆餅的優格醬

優格醬（p.52）……全部的量
細砂糖……1/3 小茶匙
帕馬森乳酪……1/2 小茶匙

1　把所有的材料混合。

干貝與綠花椰菜的三明治

就像直接把一道法國料理夾進三明治裡一樣，
奶油把干貝美味的精華包裹起來，風味獨具。

法國麵包……1 個
切成 3cm 角丁
干貝……1 個（50g）
綠花椰菜……15g
切成一口大小，用鹽水煮過
白蘭地、白酒……各 5g
奶油（用來嫩煎）……10g
第戎芥末醬、奶油、鹽、黑胡椒
……各少許

1　平底鍋放入奶油加熱，加入干貝嫩煎到變白。

2　澆上白蘭地點火燃燒過（Flambé），等酒精揮發、
　　干貝熟透後，取出干貝，放進調理碗裡。

3　把白酒倒進步驟 2 的平底鍋，再用中火熬煮成咖
　　啡色。

4　把綠花椰菜、步驟 3 的汁液、芥末醬以及鹽加進
　　步驟 2 的調理碗後拌勻。

5　切開法國麵包，於在內側塗上奶油。

6　把步驟 4 的配料夾進麵包，撒上黑胡椒。

蝦子與芝麻菜的三明治

法式酸辣醬（Ravigote sauce）跟魚貝類很搭，讓這款三明治充滿法式風情，
義大利芝麻菜才有的苦味更能帶出蝦子的甘甜。

法國麵包……1 個
蝦仁（中等尺寸）……5 ～ 6 尾
義大利芝麻菜……8g
法式酸辣醬（p.51）……5g
A │ 顆粒芥末醬、白酒醋、鹽、
  │ 黑胡椒……各少許
奶油……少許

1　用大量的熱水燙蝦子，大約 2 分鐘後，把水分
　　瀝乾。
2　把步驟 1 的蝦子、法式酸辣醬以及 A 的調味料
　　加進調理碗中混合，再拌入芝麻菜。
3　切開法國麵包，於內側塗上奶油。
4　夾進步驟 2 的配料，撒上黑胡椒。

鄉村肉醬三明治

這款是法式三明治之王，在作為主角的肉醬（Pâté）裡面放入了大量的炒洋蔥，
所以很好入口，而酸黃瓜與芥末醬的酸味也刺激了食慾。

黑麥熱狗麵包……1 個
鄉村肉醬……80g
酸黃瓜……縱切成 3 片
顆粒芥末醬、奶油、黑胡椒
　　……各少許

1　切開黑麥熱狗麵包，於內側
　　塗上奶油與顆粒芥末醬。
2　夾進肉醬和酸黃瓜，撒上黑
　　胡椒。

鄉村肉醬的作法 （一個 10×25×8.5cm 的肉醬模具分量）

豬五花肉（切成 5cm 角丁）……1.2kg
雞肝……320g
培根切片（切成 5mm 寬）……400g
洋蔥（切片）……530g
培根切片（用於鋪滿模具）……200g
波特酒、白蘭地、橄欖油……各少許

A｜鹽……25g
　｜細砂糖……5g
　｜黑胡椒（細顆粒）……2g
　｜肉豆蔻粉……2g
　｜普羅旺斯香草……少許

1　豬五花肉用波特酒與白蘭地浸漬。
2　去除雞肝上的血管和筋，再用冰水沖洗去腥。
3　用平底鍋熱橄欖油，把洋蔥炒到上色。
4　用食物調理機把步驟 2 和步驟 3 的食材打成
　　泥，再放到調理碗裡。
5　把培根放進步驟 4 的食物調理機，打成 2cm
　　左右的大小，再放入調理碗。接著把步驟 1
　　的豬肉打成 1cm 的角丁，同樣放到調理碗裡。
6　把 A 的調味料放進調理碗（照片 a），用手搓
　　揉到出現黏性為止。
7　在模具裡鋪上保鮮膜後再鋪滿培根，再用步
　　驟 6 的肉泥填滿到不留空隙（照片 b）。
8　把培根蓋上，用保鮮膜包好，再用鋁箔紙密封。
9　在大一點的淺盤裡倒熱水，把步驟 8 的模具
　　放上去，熱水深度大約達到模具高度的一半。
10　放進 170℃ 的烤箱裡隔水加熱 2 小時左右。
11　等肉的中心溫度達到 80℃ 就可以從烤箱取出，
　　並壓上重石，同淺盤一塊放涼。
12　放進冰箱冷藏一晚使其凝固後，從模具中取
　　出，用新的保鮮膜包好，再用鋁箔紙包起來，
　　放進冰箱保存。

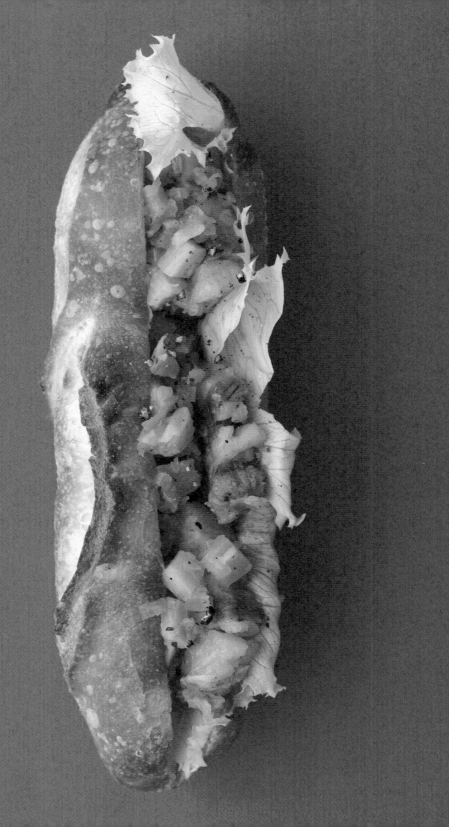

油封豬五花佐
鳳梨醬的三明治

不太常見的油封豬五花，搭配鳳梨醬吃起來十分清爽，
這是從沖繩的鳳梨漢堡和糖醋排骨得到靈感的三明治。

法國麵包……1 個
油封豬五花……50g
鳳梨醬……20g
萵苣（用手撕開）……10g
奶油、黑胡椒……各少許

1 用平底鍋熱一點額外的沙拉油，把切片的油封豬
五花煎到兩面都酥脆。
2 切開法國麵包，於內側塗上奶油。
3 夾進萵苣和油封豬五花，然後淋上鳳梨醬，撒上
黑胡椒。

油封豬五花的作法
（方便製作的分量）

豬五花肉（塊）……300g
A｜大蒜（切片）……1 瓣
　｜月桂葉……1 片
　｜鹽、黑胡椒、迷迭香
　｜……各少許

1 在豬肉表面抹上 **A** 的調味料，再用保鮮膜包起來放
進冰箱一晚。（照片 **a**）
2 把豬肉表面用水洗淨，瀝乾水分。
3 把鍋裡額外的豬油加熱到 80℃，然後放入步驟 **2** 的
豬肉，用同樣的溫度持續加熱 2 小時左右。（照片 **b**）
4 等肉的中心溫度超過 80℃，能用竹籤刺穿時，就把
豬肉從鍋裡拿出瀝乾油脂。

鳳梨醬的作法
（方便製作的分量）

鳳梨（切碎）……1/2 顆
洋蔥（切碎）……1/4 顆
白酒……60g
紅酒醋……30g
沙拉油、鹽、黑胡椒……各少許

1 在鍋裡熱沙拉油，把洋蔥炒到軟，再加入白酒。
2 水分煮乾後加入紅酒醋，然後收乾一半的量。
3 加入鳳梨後煮沸一次，用鹽和黑胡椒調味，用小
火熬煮到濃稠。（照片 **c**）

Sandwich
Sauce

法式的醬汁與淋醬是 itokito 味道的支柱，
就像一道法國料理一樣，用心製作的醬汁會左右三明治的味道。

特製美乃滋

itokito 的美乃滋雖然味道溫和卻還是有著自己的特色，
味道相當絕妙，跟各種食材都很搭，是協調性很好的萬用醬汁。

A｜蛋黃……1 顆
　｜白酒醋……12g
　｜第戎芥末醬……10g
細砂糖……3g
鹽……少許
玉米油……約 80g
芥末、醬油、大蒜粉……各少許

1　把 A 的調味料與芥末放進調理碗裡，用攪拌器攪拌。

2　玉米油少量多次加入，把濃稠度攪拌到跟市售美乃滋相似的程度。

3　用鹽、細砂糖、醬油以及大蒜粉調味。

〔使用特製美乃滋的三明治〕
　·康門貝爾乳酪和火腿小黃瓜的三明治（p.26）
　·白蘆筍與生火腿的三明治（p.27）

法式油醋醬

法國料理的基本醬汁，經常用在沙拉、醃漬蔬菜以及三明治的最後調味。
要做出百搭的法式油醋醬，訣竅在於使用等量的橄欖油與沙拉油。

第戎芥末醬……5g
紅酒醋……50g
橄欖油……20g
沙拉油……20g
水……50g
鹽……5g
黑胡椒……少許

1　把所有的材料放入調理碗裡攪拌均勻。

〔使用法式油醋醬的三明治〕
　‧甜椒與米莫雷特乳酪的三明治（p.33）

法式酸辣醬

帶有辛香料與浸漬蔬菜香氣的酸醬，可以依據個人喜好做出多采多姿的變化，
還可以當作淋醬使用，或拿來搭配炸物。

洋蔥（切碎）……1/4 顆
酸豆……10g
酸黃瓜（切碎）……10g
醋漬龍蒿（切碎）……10g

1　用鹽搓揉洋蔥後，靜置超過 30 分鐘，用水清洗
　　後，在水中稍微浸泡，然後備用。
2　瀝乾步驟 **1** 的洋蔥，跟其他材料一起放入調理
　　碗內攪拌均勻。

〔使用法式酸辣醬的三明治〕
　‧蝦子與芝麻菜的三明治（p.45）
　‧法式酸辣醬的炸牛肚三明治（p.83）

凱撒醬

乳酪類醬汁的大蒜香味讓人忍不住想吃，itokito 版在裡面加了牛奶，
所以味道更加圓潤，想讓料理更加濃郁時，只要有這個醬汁就很方便。

美乃滋……30g
帕馬森乾酪（磨成粉）……25g
牛奶（經過一次煮沸）……15g
白酒醋……10g
橄欖油……10g
鹽……少許
A 大蒜（磨成泥）……5g
　　鹽、黑胡椒、細砂糖……各少許

1　把 **A** 的調味料和乳酪放進調理碗裡，用攪拌
　　器好好攪拌均勻。
2　等乳酪的顆粒都融入以後，再加入其他材料
　　進一步攪拌均勻。

〔使用凱撒醬的三明治〕
　　·蠶豆與佩克里諾乳酪的三明治（p.28）
　　·煙燻鮭魚與嫩煎蕪菁的三明治（p.38）

優格醬

在土耳其和希臘常用的醬汁，其中優格獨有的清爽酸味，
加上大蒜濃郁的香氣，能用來襯托味道。

原味優格……60g
檸檬汁……1 小茶匙
大蒜（磨成泥）……1 小茶匙
鹽……1/3 小茶匙
黑胡椒……少許

1　把原味優格之外的材料全部放進調理碗中，
　　用攪拌器好好攪拌均勻。
2　加入原味優格，進一步攪拌均勻。

〔使用優格醬的三明治〕
　　·蔬菜滿點的鷹嘴豆泥三明治（p.41）
　　·夏季蔬菜的普羅旺斯雜燴與油炸鷹嘴豆餅的三明治（p.43）

巴薩米克醬

巴薩米克醋熬煮出來的濃厚醇郁醬汁,味道酸甜醇厚,
香味十足,跟鮮美的肉類非常搭。

巴薩米克醋……70g
蜂蜜……30g
鹽……少許

1　把巴薩米克醋倒入鍋裡,熬煮收乾到原本分量的 2 成。
2　加上蜂蜜,再煮到剩一半的量,加鹽調味。

〔使用巴薩米克醬的三明治〕
・高麗菜豬肉片的巴薩米克醬三明治(p.68)

白酒醬汁

如果有喝剩的白酒,十分推薦做成白酒醬汁。
一般大多用於魚貝類,但我也常用在肉類料理上。

洋蔥(切片)……1 顆
白蘭地……30g
白酒……300g
鮮奶油……250g
奶油……20g
鹽……少許

1　在鍋裡加熱奶油,用小火把洋蔥炒到透明。
2　加進白蘭地熬煮,等完全煮乾後加入白酒,再進一步
　收乾。
3　加入鮮奶油,用小火熬煮到出現濃稠度後,用鹽調味。

〔使用於這款三明治〕
・烤豬肉與蘋果的諾曼第風味三明治(p.60)

羅勒醬

又叫做「青醬」，使用大量的新鮮羅勒和荷蘭芹做成的泥醬。
好吃的訣竅在於鯷魚跟大蒜的均衡搭配。

新鮮羅勒……20g（去莖）
荷蘭芹……25g（去莖）
A | 大蒜……1 瓣
　　鯷魚……2g
　　酸黃瓜……15g
橄欖油……適量
鹽、黑胡椒……少許

1　把 A 的食材用食物調理機打碎。
2　加進羅勒和荷蘭芹後，再打得更碎一點，把橄欖油少量多次加進去，調整濃稠度。
3　用鹽和黑胡椒調味。

〔使用羅勒醬的三明治〕
　・鹹豬肉與小黃瓜的青醬三明治（p.63）

番茄醬汁

大家熟悉的義大利萬用醬汁，因為番茄的種類會決定醬汁的味道，
所以最好使用味道穩定的番茄罐頭，itokito 的風格是最後調味稍微偏甜。

番茄罐頭（整顆番茄）……1 罐
大蒜（切碎）……1/2 瓣
洋蔥（切碎）……1/4 顆
月桂葉……1 片
橄欖油、百里香、鹽、黑胡椒
　　……各少許

1　橄欖油和大蒜放入鍋裡，大蒜用小火炒到上色。
2　加入洋蔥拌炒，在洋蔥變色之前加入搗碎的番茄、月桂葉和百里香，進一步熬煮。
3　熬煮到塗在麵包上不會滲出來的濃稠度後，用鹽和黑胡椒調味。

〔使用番茄醬的三明治〕
　・羅勒與番茄的雞蛋三明治（p.31）

普羅旺斯酸豆橄欖醬

以黑橄欖為基底，味道豐富的醬汁。為了更方便用於三明治上，
要多加一點巴薩米克醋，讓味道最後稍微偏甜。

黑橄欖……250g
酸豆……10g
鯷魚……5g
大蒜……5g
A │ 橄欖油……15g
　 │ 巴薩米克醋……15g
　 │ 細砂糖……5g
　 │ 鹽……5g
　 │ 黑胡椒、普羅旺斯香草……各少許

1 用食物調理機把酸豆、鯷魚、大蒜打碎。
2 把黑橄欖加進去打得更碎，再加入 A 的調味料調整味道。

〔使用普羅旺斯酸豆橄欖醬的三明治〕
・燜雞與嫩煎蓮藕的酸豆橄欖醬三明治（p.71）

花生醬汁

用醬油提味，從老人到小孩都能簡單品嘗的味道。
醇厚的鮮味和濃度讓濃郁的醬汁充滿魅力。

花生醬（Skippy 品牌）……70g
美乃滋……20g
細砂糖……5g
白酒醋……5g
醬油……5g
檸檬汁……少許
熱水……少許

1 除了熱水以外，其他材料全部放進調理碗內攪拌均勻。
2 一邊加熱水，一邊把醬汁調整到不會滴下來的濃度。

〔使用於這款三明治〕
・炸豬肉與白蔥絲的花生醬汁三明治（p.77）

烤豬肉與馬鈴薯的
蜂蜜芥末三明治

因為刷上了蘋果泥，所以烤豬肉可以烤得軟嫩多汁，
蜂蜜芥末醬是可以讓馬鈴薯變成主角的幕後功臣。

法國麵包……1 個
烤豬肉……65g
馬鈴薯……50g
蜂蜜芥末醬……10g
奶油、鹽、黑胡椒……各少許

1　馬鈴薯削皮後用鹽水煮熟，切成 5mm 的厚片。
2　切開法國麵包，於內側塗上奶油。
3　把步驟 1 的馬鈴薯和切片的烤豬肉夾進去，淋上蜂蜜芥末醬，撒上黑胡椒。

烤豬肉的作法 （方便製作的分量）

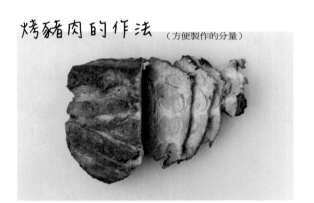

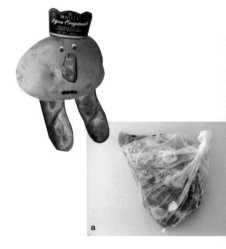

a

豬肩里肌肉（塊）……1.5kg
A　鹽……100g
　　月桂葉……2 片
　　大蒜（切片）……1 瓣
　　蘋果（磨成泥）……1/2 顆
　　普羅旺斯香草、黑胡椒
　　　　……各少許

1　把豬肉跟 A 的調味料裝進塑膠袋密封，然後放進冰箱冰兩晚。（照片 a）
2　把肉的表面洗淨後，瀝乾水分，在常溫下放 30 分鐘。
3　放進 200℃的烤箱烤 2 小時。
4　用鋁箔紙包起來放涼，再放進冰箱冰一晚。

蜂蜜芥末醬的作法 （方便製作的分量）

第戎芥末醬……20g
蜂蜜……15g
醬油……2g
鹽、黑胡椒……各少許

1　把所有的材料混合均勻。

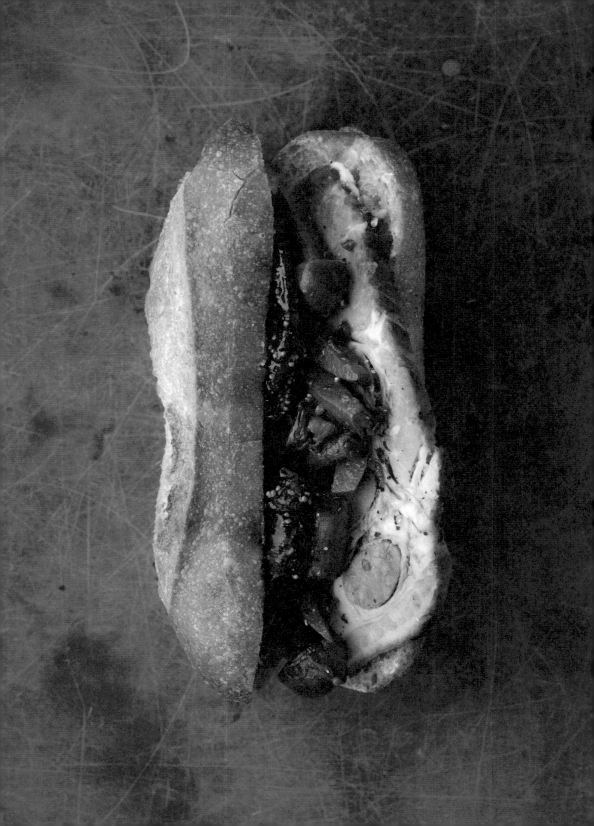

烤豬肉與醃菇的無花果三明治

無花果的香氣會讓野生的烤豬肉更加突出，
紅酒的澀味與醋的酸味能讓味道變得更立體。

黑麥熱狗麵包⋯⋯1 個
烤豬肉（p.57）⋯⋯65g
浸漬的菇類⋯⋯30g
紅酒煮無花果⋯⋯3 片
奶油、黑胡椒⋯⋯各少許

1 切開黑麥熱狗麵包，於內側塗上奶油。
2 把切片的烤豬肉與浸漬的菇類夾進去，再放
   上無花果，撒上黑胡椒。

菇類的浸漬作法 （方便製作的分量）

杏鮑菇（橫切三等分，切片）⋯⋯2 朵
舞茸、鴻喜菇、金針菇⋯⋯各 1/2 包
洋蔥（切碎）⋯⋯1 顆
紅酒⋯⋯100g
奶油⋯⋯30g
紅酒醋⋯⋯20g
鹽、黑胡椒⋯⋯各少許

（各自分成
小株）

1 在鍋裡熱額外的沙拉油，
   把洋蔥炒到透明。
2 加入紅酒，用中火熬煮，
   收乾水分。
3 再加入奶油跟菇類炒熟，
   然後倒入紅酒醋繼續炒，
   用鹽和黑胡椒調味。

無花果紅酒煮作法 （方便製作的分量）

乾燥的無花果（對半切）⋯⋯4 顆
紅酒⋯⋯150g
巴薩米克醋⋯⋯70g

1 鍋裡放入無花果和紅酒，熬煮到水分收乾。
2 加入巴薩米克醋，把水分熬煮到剩下一半。

烤豬肉與蘋果的諾曼第風味三明治

用卡爾瓦多斯蘋果酒（Calvados）與鮮奶油煮蘋果，是法國諾曼第地區的家常料理。
甜中帶點微酸的醇厚滋味跟豬肉的鮮味一拍即合。

黑麥熱狗麵包……1 個
烤豬肉（p.57）……65g
蘋果煮……3 片
白酒醬（p.49）……15g
黑胡椒……少許

1　切開黑麥熱狗麵包，於內側塗上白酒醬。
2　夾上烤豬肉切片，放上蘋果煮，撒上黑胡椒。

蘋果煮的作法　（方便製作的分量）

蘋果（切成 5mm 厚片）……1 顆
卡爾瓦多斯蘋果酒……30g
白酒……200g
鮮奶油……150g
細砂糖、鹽、黑胡椒……各少許

1　在小深鍋裡倒入卡爾瓦多斯蘋果酒，熬煮到水分剩一半後，加入白酒再熬煮到水分幾乎收乾。
2　加入鮮奶油煮沸一次，然後轉小火熬煮到濃稠。
3　把蘋果和細砂糖加進去，蘋果不要煮太軟，再用鹽跟黑胡椒調味。

鹹豬肉與
小黃瓜的青醬三明治

鹹豬肉甜美的油脂配上羅勒清爽的香味，
加上小黃瓜形成刺激五感的口感。

黑麥熱狗麵包……1 個
鹹豬肉（切成 5mm 厚片）……50g
小黃瓜（切絲）……1/4 根
義大利芝麻菜……5g
羅勒醬（p.54）……10g
奶油、黑胡椒……各少許

1　用平底鍋熱少量的額外沙拉油，再把鹹豬肉的
　　兩面都煎過。
2　切開黑麥熱狗麵包，於內側塗上奶油。
3　夾上義大利芝麻菜和步驟 1 的鹹豬肉以及小黃
　　瓜，淋上羅勒醬，撒上黑胡椒。

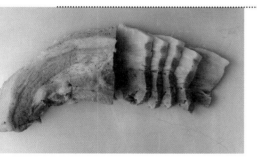

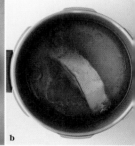

鹹豬肉的作法（方便製作的分量）

豬五花肉（塊）……300g
A　鹽、黑胡椒……各少許
　　大蒜（切片）……3 瓣
　　月桂葉……1 片
　　普羅旺斯香草……少許

1　把 A 的調味料抹在豬肉上，用保鮮膜包起來，
　　放在冰箱裡冰一晚。（照片 a）
2　在壓力鍋裡放入步驟 1 的豬肉和約略蓋過豬肉
　　的水加熱。壓力鍋沸騰後轉小火加熱 5 分鐘再
　　關火。
3　等壓力降下來後打開蓋子，放涼後再取出豬肉。
　　（照片 b）

鹹豬肉與高麗菜的三明治

雖然簡單卻是無與倫比的知名組合。提升口感的祕訣在於，
高麗菜加上醋的酸味，能更加突顯鹹豬肉的鮮味與軟嫩。

法國麵包……1 個
鹹豬肉（p.63）……50g
高麗菜……2 片
A│白酒醋、大蒜粉、鹽、黑胡椒
　　……各少許
奶油、黑胡椒……各少許

1　高麗菜用手撕成容易入口的大小，然後稍微水
　　煮一下。
2　把步驟 1 的高麗菜瀝乾水分，用 A 的調味料來
　　調味。
3　切開法國麵包，於內側塗上奶油。
4　把步驟 2 的高麗菜和切片的鹹豬肉夾進去，撒
　　上黑胡椒。

鹹豬肉與甜椒的
柑橘醬三明治

柳橙與葡萄柚的柑橘果醬風味醬汁與鹹豬肉搭配非常出色，
還再加上了甜椒水嫩的甜味。

黑麥熱狗麵包……1 個
鹹豬肉（p.63）……50g
柑橘醬……15g
甜椒……1/2 顆
美乃滋、奶油、黑胡椒……各少許

1　把甜椒表皮直接用火烤到焦黑，再泡水剝皮，
　　瀝乾水分後切成長條狀。
2　切開黑麥熱狗麵包，於內側塗上奶油和美乃滋。
3　把步驟 1 的甜椒和切片的鹹豬肉夾進去，淋上
　　柑橘醬，撒上黑胡椒。

柑橘醬的作法（方便製作的分量）

柳橙……1 顆
葡萄柚……1 顆
細砂糖……60g
白酒……20g
普羅旺斯香草……少許

1　柳橙和葡萄柚去皮，取出果實，切碎。
2　把步驟 1 的果肉放進鍋裡，再把湯汁
　　用中火熬煮到剩下一半。加入白酒，
　　再更進一步把湯汁煮到剩下一半的量。
3　加進細砂糖後，熬煮到出現濃稠感為
　　止，最後再加進普羅旺斯香草。

水煮豬肉片與浸漬櫛瓜的三明治

帶點薑味的水煮豬肉片，搭配三明治意外合適，
跟薄薄的生櫛瓜片配在一起的整體感也很讓人享受。

黑麥熱狗麵包……1 個
水煮豬肉片……40g
浸漬櫛瓜……20g
奶油、黑胡椒……各少許

1 切開黑麥熱狗麵包，於內側塗上奶油。
2 夾進水煮豬肉片，放上浸漬櫛瓜，撒上黑胡椒。

水煮豬肉片的作法 （方便製作的分量）

豬五花肉（切片）……40g
A 醬油……1 小茶匙
麻油……1 小茶匙
生薑（磨成泥）……1/2 小茶匙
太白粉……適量
橄欖油……少許

1 豬肉切成 3 等分後，用 A 的調味料搓揉肉片，然後靜置 10 分鐘，再裹上太白粉。
2 鍋裡裝滿熱水，倒入橄欖油，把步驟 **1** 的豬肉片水煮過，再瀝乾水分。

浸漬櫛瓜的作法 （方便製作的分量）

櫛瓜……1 根
白蔥絲……1/2 根份
紅酒醋……1 大茶匙
橄欖油……1 大茶匙
鹽、黑胡椒……各少許

1 用削皮刀把櫛瓜削成像緞帶一樣的薄片。
2 櫛瓜薄片、白蔥絲和調味料一塊放進調理碗攪拌混合。

高麗菜豬肉片的
巴薩米克醬三明治

酸酸甜甜的巴薩米克醬，跟豬肉和高麗菜組合在一起，
是不會讓人失望的味道，其中帶有酸味的涼拌高麗菜是賞味重點。

黑麥熱狗麵包⋯⋯1 個
水煮豬肉片（p.67）⋯⋯40g
高麗菜（切成細絲）⋯⋯20g
白酒醋⋯⋯少許
鹽⋯⋯少許
巴薩米克醬（p.53）⋯⋯5g
美乃滋、黃芥末、奶油、黑胡椒
　　⋯⋯各少許

1　高麗菜細絲稍微泡水後瀝乾水分，跟白酒醋和
　　鹽攪拌在一起。
2　切開黑麥熱狗麵包，於內側塗上奶油、美乃滋、
　　黃芥末。
3　把步驟 1 瀝乾水分的高麗菜細絲和水煮豬肉片
　　夾進去，淋上巴薩米克醬，撒上黑胡椒。

芹菜茄子豬肉片的 芝麻醬三明治

使用了芹菜和茄子，是很有夏天感覺的三明治。
配上自製的芝麻醬就變成了中式料理。

黑麥熱狗麵包⋯⋯1 個
水煮豬肉片（p.67）⋯⋯40g
芹菜（切成細絲）⋯⋯3g
茄子（縱切成 6 等分）⋯⋯1/2 根
芝麻醬⋯⋯10g
奶油、黑胡椒⋯⋯各少許

1　用滾水煮過茄子後，瀝乾水分。
2　切開黑麥熱狗麵包，於內側塗上奶油。
3　夾上水煮豬肉片、步驟 **1** 的茄子以及芹菜細絲，
　　淋上芝麻醬，撒上黑胡椒。

芝麻醬作法 （方便製作的分量）

芝麻醬（白）⋯⋯30g
花生醬⋯⋯5g
白酒醋⋯⋯5g
麻油⋯⋯5g
細砂糖⋯⋯5g
鹽、放涼的熱水⋯⋯各少許

1　把熱水以外的材料放進調理碗攪拌。
3　一邊加熱水一邊把濃稠度調整到不會
　　滴下來的程度。。

燜雞與嫩煎蓮藕的酸豆橄欖醬三明治

軟嫩的燜雞和口感很好的蓮藕組合，
跟法國家常料理的普羅旺斯酸豆橄欖醬一起享用。

軟式熱狗麵包……1 個
燜雞……40g
嫩煎蓮藕……25g
普羅旺斯酸豆橄欖醬（p.55）……20g
奶油、黑胡椒……各少許

1　切開軟式熱狗麵包，於內側塗上奶油。
2　把切片的燜雞和嫩煎蓮藕夾進去，淋上普羅
旺斯酸豆橄欖醬，撒上黑胡椒。

燜雞的作法
（方便製作的分量）

雞腿肉……1 片（250g）
白酒……適量
A｜鹽……20g
　　黑胡椒、茴香籽……各少許
　　迷迭香……1/2 根
　　月桂葉……1 片

a　　　　　　　　b

1　把雞肉和 A 的調味料放進鍋中，倒入大約雞肉厚度一半的白酒高度（照片 a），用鋁箔
紙把鍋子蓋起來。
2　放進 200℃的烤箱燜煮 25 分鐘左右。
3　等竹籤能將雞肉直接刺穿後，直接蓋著鋁箔紙放涼（照片 b）。

嫩煎蓮藕的作法 （方便製作的分量）

蓮藕……1 根（150g）
麵粉、鹽、黑胡椒、普羅旺斯香草
　　……各少許

1　蓮藕切成 5cm 的長條後稍微浸水。
2　把步驟 1 的蓮藕瀝乾水分，再裹上薄薄一層
麵粉。
3　用平底鍋加熱額外的橄欖油，再放入步驟 2
的蓮藕，把表面煎到酥脆上色，撒上調味料。

焖雞與秋葵的 紅蘿蔔醬汁三明治

決定味道的關鍵在於加進大量紅蘿蔔泥的甜辣醬汁。
因為是偏軟口感，從老人到小孩都能歡樂享用。

軟式熱狗麵包……1 個
焖雞（p.71）……40g
秋葵……1 ～ 2 根
紅蘿蔔醬汁（稍微瀝乾水分）……20g
奶油、黑胡椒……各少許

1 秋葵燙熟後縱切成兩半，切口處用噴燈或平底鍋稍微煎烤過。

2 切開軟式熱狗麵包，於內側塗上奶油。

3 把切片的焖雞和步驟 **1** 的秋葵夾進去，淋上紅蘿蔔醬汁，撒上黑胡椒。

紅蘿蔔醬汁的作法 （方便製作的分量）

紅蘿蔔……1 根
蘋果……1/4 顆
生薑……1 片
大蒜……1 瓣
醬油……35g
白酒醋……20g
橄欖油……15g
甜菜糖……10g
麻油……5g
普羅旺斯香草……少許

1 把紅蘿蔔、蘋果、生薑、大蒜各自磨成泥。

2 把步驟 **1** 的材料和所有的調味料放進調理碗中攪拌均勻。

燜雞和地舞菇的 醋味三明治

跟燜雞搭配的是嫩煎過的地舞菇和轉移舞菇風味的醋味醬汁。
一定要用高品質的地舞菇，因為香氣不同。

黑麥熱狗麵包……1 個
燜雞（p.71）……40g
醋味醬汁……25g
奶油嫩煎舞菇……25g
第戎芥末醬、奶油、黑胡椒
　　……各少許

1　切開黑麥熱狗麵包，於內側塗上奶油與第戎
　　芥末醬。
2　夾進切片的燜雞與奶油嫩煎舞菇，淋上醋味
　　醬汁，撒上黑胡椒。

奶油嫩煎舞菇和醋味醬汁的作法 （方便製作的分量）

地舞菇（分成小株）……1 包
大蒜……1 瓣
洋蔥（切碎）……1/4 顆
番茄（切丁）……1/4 顆
奶油……20g
麵粉……少許
A｜龍蒿（切碎）、百里香粉、鹽、
　　　黑胡椒……各少許
　　紅酒醋……2 小茶匙
　　白酒……1 小茶匙
　　高湯塊……1/4 塊
　　燜雞（p.71）的汁……1 大茶匙
鮮奶油……1 大茶匙

1　用平底鍋加熱奶油，嫩煎地舞菇，取出後就
　　完成了奶油嫩煎舞菇。
2　在步驟 1 的平底鍋裡放進大蒜和洋蔥，把洋
　　蔥炒到軟爛。
3　加進番茄一起拌炒，再撒上麵粉攪拌均勻。
4　加入 A 的調味料稍微攪拌，最後加進鮮奶
　　油後熬煮收乾水分，就完成了醋味醬汁。

自製香腸與扁豆的 紅醬三明治

飄著異國香味的自製香腸，裡頭有自豪的Q彈大塊碎肉，
搭配酸味的煮扁豆更能突顯肉的鮮味。

軟式熱狗麵包……1 個
自製香腸
　　……下方記載的 1/2 條（50g）
煮扁豆……20g
番茄醬汁（p.54）……15g
橄欖油、奶油、黑胡椒
　　……各少許

1　用平底鍋熱橄欖油，然後把切片的香腸斷面嫩
　　煎到酥脆
2　切開軟式熱狗麵包，於內側塗上奶油。
3　抹上番茄醬汁，放上步驟 1 的香腸和主貶豆煮，
　　撒上黑胡椒。

自製香腸的作法　　（5 條的分量）

豬五花肉……500g
雞胸肉……100g
培根……75g
橄欖油……20g
鹽……5g
白蘭地……1/2 小茶匙
大茴香粉……1/4 小茶匙
五香粉……1/4 小茶匙
卡宴辣椒粉……少許
黑胡椒……少許

1　肉類和培根各自切成 2cm 角丁。
2　把步驟 1 的食材跟其他材料放入調理碗
　　裡，揉到出現黏性為止（照片 a）。
3　捏成 100g 左右的丸子，再用保鮮膜包
　　起來做成條狀（照片 b）。然後用鋁箔紙
　　包起來，兩端像糖果一樣捲起來。
4　在大一點的鍋子裡裝滿水，放入步驟 3
　　的香腸（照片 c），然後壓上重石，別讓
　　香腸浮起來。
5　用中火加熱到 80℃後，注意火侯，讓溫
　　度維持在 80℃，繼續加熱 10 分鐘。
6　用竹籤刺一下，如果流出透明的肉汁就
　　關火。放在熱水裡放涼，再放進冰箱冰
　　一晚定型。

a

b

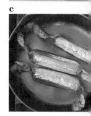
c

煮扁豆的作法　　（方便製作的分量）

扁豆（乾燥）……30g
培根……1/2 片
月桂葉……1/2 片
白酒醋、鹽、黑胡椒……各少許

1　在鍋裡放入扁豆、培根、月桂葉，再加入淹沒
　　食材的水，煮到扁豆變軟為止。
2　放到濾網上瀝乾水分，用白酒醋、鹽和黑胡椒
　　調味。

炸豬肉與白蔥絲的花生醬汁三明治

炸到酥脆的豬肉搭配濃郁的花生醬汁一起享用，
加上白蔥絲與檸檬汁，呈現出清爽又不膩的滋味。

黑麥熱狗麵包……1 個
炸豬肉……下方記載全部的量
花生醬汁（p.55）……8g
檸檬切片……1/2 片
白蔥絲……10g
奶油、黑胡椒……各少許

1　切開黑麥熱狗麵包，於內側塗上奶油。
2　放上炸豬肉，塗上花生醬，放上白蔥絲。
3　分散擺上切好的檸檬片，撒上黑胡椒。

炸豬肉的作法　（一個三明治所需的分量）

豬五花薄片（5mm 厚）……1 片
醬油……1 小茶匙
生薑（磨成泥）……1/2 小茶匙
麻油……1/2 小茶匙
太白粉……少許

1　豬五花薄片切成 4 等分。
2　把步驟 1 的豬肉、醬油、生薑、麻油放入調理碗內搓揉，然後靜置 10 分鐘。
3　裹上太白粉後，放入 180℃的油裡炸到酥脆。

茄汁羊肉丸的三明治

羊肉丸用大量的香草和辛香料來做最後調味，是一道絕品，
還有櫛瓜的水嫩感也是重點所在。

法國麵包……1 個
茄汁羊肉丸……下方記載量的 1/3
義大利芝麻菜……3g
奶油、黑胡椒……各少許

1　切開法國麵包，於內側塗上奶油。
2　放上芝麻菜、茄汁羊肉丸，撒上黑胡椒。

茄汁羊肉丸的作法 （方便製作的分量）

●羊肉丸

A｜羊肩肉……125g
　豬五花肉……100g
　洋蔥（切碎）……1/2 顆
　大蒜……1 瓣
　薄荷葉……2g
　小茴香粉……3/4 小茶匙
　香菜粉……3/4 小茶匙
　卡宴辣椒粉……少許
　麵粉、太白粉……各 8g
　檸檬汁……7g
　鹽……3g

●櫛瓜的番茄醬汁
櫛瓜（橫切成 3 等分的長條）
　　……2 條
番茄（切丁）……1 顆
番茄罐（整顆）……1 罐
洋蔥（切碎）……1/2 顆
大蒜（切碎）……1 瓣
鹽、黑胡椒……各少許

1　製作番茄醬汁。在鍋裡倒入少許額外的橄欖油，
　　並放入大蒜用小火炒到上色。
2　加進洋蔥，炒到洋蔥變軟後再倒番茄罐頭熬煮。
3　加進番茄繼續熬煮，放入櫛瓜，等熬煮到軟，
　　加鹽和黑胡椒調味。
4　製作肉丸。用食物調理機把 A 素材（照片 a）打
　　碎後放入調理碗內。
5　把步驟 4 的肉丸揉成每顆大約 30g 的丸子。
6　用平底鍋熱額外的橄欖油，然後把步驟 5 的丸
　　子煎到酥脆（照片 b）。
7　把步驟 6 的丸子放到步驟 3 的醬汁裡（照片 c）。

味噌雞肉和根莖類醃菜的三明治

味噌雞肉要一口氣烤到焦香才會好吃，
而根莖類醃菜要大快朵頤才好吃，所以要切大塊。

軟式熱狗麵包……1 個
味噌雞肉……40g
根莖類醃菜（牛蒡、紅蘿蔔）
　　……各 2 根
味噌醬……15g
奶油、黑胡椒……各少許

1　切開軟式熱狗麵包，於內側塗上奶油。
2　夾上味噌雞肉，淋上味噌醬，放上根莖
　　類醃菜，撒上黑胡椒。

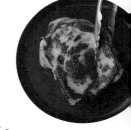

味噌雞肉的作法　（方便製作的分量）

雞腿肉……1 片
米味噌、西京味噌……各 300g
甜菜糖……30g

1　把味噌和甜菜糖混合均勻。
2　把雞腿肉的水分擦乾，用紗布包起來。
3　依序把步驟 **1** 的味噌、步驟 **2** 的雞腿肉、步驟 **1**
　　的味噌放進保存容器，然後在冰箱放一晚。
4　把雞腿肉上的味噌除掉，在熱平底鍋上倒入一些
　　額外的沙拉油，再把雞皮面朝下用中火煎。
5　表面煎出深色後，翻面蓋上鍋蓋，放進 200℃的
　　烤箱烤 10 分鐘左右。用竹籤插一下，如果竹籤尖
　　端是熱的，蓋上鍋蓋燜煮 15 分鐘左右。

根莖類醃菜　（方便製作的分量）

牛蒡……2 根
紅蘿蔔……2 根
A｜ 白酒醋……150g
　　 白酒……100g
　　 細砂糖……10g
　　 鹽……5g
　　 月桂葉……1 片
　　 黑胡椒粒……2 粒
　　 普羅旺斯香草……少許

1　牛蒡、紅蘿蔔切成 4cm 長段，牛蒡對半縱切，紅
　　蘿蔔縱切成 4 等分。各自水煮 2 分鐘後瀝乾水分。
2　用鍋子把 A 的調味料煮滾後關火，趁熱加入步驟
　　1 的蔬菜，然後放涼。
3　在冰箱放 2 天醃漬入味。

味噌醬的作法　（方便製作的分量）

味噌……70g
美乃滋……60g
甜菜糖……60g
白酒醋……10g

麻油……10g
檸檬汁、普羅旺斯香草……各少許

1　把所有材料混合均勻。

法式酸辣醬的 炸牛肚三明治

把小酒館的料理做成簡單易食的三明治，法式酸辣醬的犀利酸味，
配上水芹的苦味，是專為大人設計的三明治。

黑麥熱狗麵包……1 個
炸牛肚……30g
法式酸辣醬（p.51）……10g
水煮蛋（全熟切碎）……1 大茶匙
水芹……8g
蜂蜜芥末醬（p.57）……5g
奶油、黑胡椒……各少許

1　炸牛肚切成 2cm 寬。
2　把水煮蛋跟法式酸辣醬混合攪拌。
3　切開黑麥熱狗麵包，於內側塗上奶油。
4　夾上水芹和步驟 1 的炸牛肚，淋上步驟 2 的醬
　　料和蜂蜜芥末醬，撒上黑胡椒。

炸牛肚作法 （方便製作的分量）

牛肚（已處理好）……200g
荷蘭芹……3 ～ 4 根
A｜白酒……125g
　　紅酒醋……40g
　　第戎芥末醬……5g
　　蜂蜜……25g
　　鹽……10g
　　黑胡椒……少許
蛋液……1 顆蛋的分量
麵包粉……適量

a　　　　　　　　b

1　把牛肚和荷蘭芹放入壓力鍋裡，倒入沒過食材
　　的水加熱。開始加壓後再繼續加熱 5 分鐘，然
　　後關火冷卻（照片 a）。
2　把 A 的調味料混合，做成浸漬用的液體。
3　把步驟 1 的牛肚切成 10cm 的正方形，放在步驟
　　2 汁液裡浸漬一晚（照片 b）。
4　瀝乾水分後依序裹上蛋液和麵包粉。
5　把額外的沙拉油與額外的奶油放到熱平底鍋上，
　　再放上步驟 4 的牛肚，兩面總共炸 6 分鐘左右。

鱈魚和馬鈴薯的 可樂餅三明治

以義大利奶油烙鱈魚（brandade）為雛形所做出來的 itokito 風格可樂餅三明治，用確實調味過的嫩煎菠菜來代替醬汁。

法國麵包……1 個
鱈魚馬鈴薯的可樂餅
　　……半塊切成 3 等分
嫩煎菠菜……20g
美乃滋、奶油、黑胡椒……各少許

1　切開法國麵包，於內側塗上奶油。
2　依序夾上嫩煎菠菜、美乃滋、可樂餅，撒上黑胡椒。

鱈魚馬鈴薯的 可樂餅作法 （約 18 個分量）

太平洋鱈魚（切片）……2 片（180g）
岩鹽……5g
牛奶……200g
大蒜……1/2 瓣
高麗菜……150g
馬鈴薯……100g
洋蔥（切片）……80g
鮮奶油……50g
麵粉、麵包粉……各適量
蛋液……1 顆蛋分量
橄欖油、鹽、黑胡椒……各少許

a

1　太平洋鱈魚撒上岩鹽，用廚房紙巾包起來，在冰箱放一晚。
2　鍋裡倒入牛奶，放進大蒜和步驟 1 的鱈魚，把鱈魚煮到鬆軟。用濾網撈起，放涼後把魚肉撥碎。
3　高麗菜水煮後切成細絲，馬鈴薯水煮後切成 4 塊，洋蔥用橄欖油炒到上色。
4　在調理碗裡放入步驟 2 和步驟 3 的材料（照片 a），用手攪拌混合，再用鮮奶油來調整稠度。
5　捏成 30g 左右的橢圓形，依序裹上麵粉、蛋液、麵包粉，用額外 180℃的油炸到上色。

嫩煎菠菜的作法 （方便製作的分量）

菠菜（把長度對半切）……1/2 束
香菇（切成薄片）……4 朵
白酒醋、奶油、鹽、黑胡椒
　　……各少許

1　用平底鍋加熱奶油，拌炒菠菜和香菇。
2　用白酒醋、鹽及黑胡椒調味。

炸劍魚的 克里奧爾醬汁三明治

在美國南方的克里奧爾醬汁上下點功夫，
用充滿衝擊性的味道來突顯清淡的劍魚，分量也相當充足。

黑麥熱狗麵包……1 個
炸劍魚……半塊切 3 塊
克里奧爾醬汁……20g
冰山皺葉……5g
美乃滋……10g
奶油、黑胡椒……各少許

1　切開黑麥熱狗麵包，於內側塗上奶油。
2　放上冰山皺葉與炸劍魚，淋上克里奧爾醬汁，加上美乃滋，撒上黑胡椒。

炸劍魚的作法 （方便製作的分量）

劍魚（切片）……2 片（100g）
A｜鹽、黑胡椒、普羅旺斯香草
　　……各少許
麵粉、蛋液、麵包粉……各適量

1　給劍魚抹上 A 的調味料後，靜置 10 分鐘，再擦乾水分。
2　依序裹上麵粉、蛋液和麵包粉，在平底鍋內倒入額外的橄欖油，把劍魚兩面都炸到酥脆上色。

克里奧爾醬汁作法 （方便製作的分量）

青椒……3 顆
洋蔥……1/2 顆
芹菜（含葉）……1/2 根
大蒜……1/2 瓣
小茴香粉……1/2 小茶匙
奧勒岡……1/2 小茶匙
A｜水煮番茄……60g
　　白酒……50g
　　白酒醋……20g
　　伍斯特醬……1/2 小茶匙
　　月桂葉……1/2 片
　　高湯塊……1/4 塊
卡宴辣椒粉……1/4 小茶匙
鹽、黑胡椒……各少許

1　把青椒、洋蔥、芹菜切成 1cm 角丁，大蒜切碎。
2　鍋裡放入額外的奶油和額外的橄欖油加熱，大蒜炒到上色後加入步驟 1 的蔬菜炒軟。
3　加入小茴香粉、奧勒岡繼續拌炒，加入 A 的調味料熬煮到水分剩下一半。
4　用卡宴辣椒粉、鹽和黑胡椒調味。

蓮藕和香菇的開放式三明治

酪梨和番茄及扁豆的開放式三明治

鮪魚和番茄莎莎醬的開放式三明治

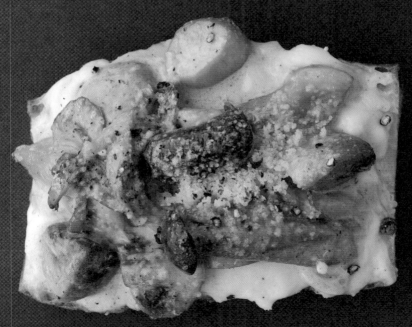

五種奶油煮菇的開放式三明治

蓮藕和香菇的開放式三明治

把食材切成口感十足的大塊，最後配上鰻魚醬讓它散發絕妙的香氣。

長棍麵包……1/8 片
嫩煎蓮藕和香菇……下方記載的全部
法式奶油白醬……40g
鰻魚醬……5g
黑胡椒、帕馬森乳酪……各少許

1　在長棍麵包上抹上法式奶油白醬（sauce béchamel）。
2　放上嫩煎蓮藕和香菇，撒上帕馬森乳酪。
3　在 230℃的烤箱裡烤 8 ～ 10 分鐘。
4　淋上鰻魚醬，撒上黑胡椒。

法式奶油白醬的作法 （方便製作的分量）

A　牛奶……500g
　　高湯塊……1/2 塊
　　月桂葉……1 片
　　肉豆蔻、鹽、黑胡椒……各少許
奶油……35g
低筋麵粉……35g

1　把 A 的材料放到鍋內煮滾。
2　在另一個鍋內熱奶油，一邊少量多次地加進低筋麵粉，一邊用小火拌炒。
3　把步驟 1 的材料少量多次地加入步驟 2 的鍋裡攪拌均勻，用中火煮到出現光澤為止。
4　等醬汁又稠又滑時倒到淺盤放涼。

嫩煎蓮藕和香菇的作法

蓮藕……1 小根
香菇……1 朵
奶油……10g
低筋麵粉、鹽……各少許

1　蓮藕削皮後，水煮五分鐘，再縱切成 4 等分，裹上薄薄一層低筋麵粉。
2　香菇切掉菇腳，再對半切。
3　用平底鍋熱奶油，然後嫩煎步驟 1 的蓮藕和步驟 2 的香菇，等出現焦色後，撒上鹽。

鰻魚醬的作法 （方便製作的分量）

鰻魚菲力（切碎）……50g
橄欖油……200g
大蒜（切碎）……15g

1　鍋內加進大蒜和橄欖油，用小火慢慢拌炒。
2　等大蒜上色後加入鰻魚，關火，混合均勻。

酪梨和番茄及扁豆的開放式三明治

「把嬌貴的酪梨烤過會怎樣呢？」一邊想著就試著做出了這款三明治。
讓香味更顯濃郁的酪梨成為主角，再搭上扁豆沙拉和蔬菜，做成比薩風味。

長棍麵包……1/8 片
法式奶油白醬……40g
煮扁豆（p.75）……15g
酪梨……1/4 顆
番茄……1/4 顆
培根切片……10g
洋蔥（切片）……少許
格拉娜‧帕達諾乳酪、黑胡椒……少許

1　酪梨跟番茄切成 5mm 寬的片狀。
2　長棍麵包抹上法式奶油白醬。
3　先放上煮扁豆，再依序放上酪梨、培根、番茄、洋蔥、並撒上格拉娜‧帕達諾乳酪。
4　放進 230℃的烤箱烤 8 ～ 10 分鐘。最後撒上黑胡椒。

鮪魚和番茄莎莎醬的
開放式三明治

正因為是炎熱的夏天才會想吃番茄莎莎醬，
把它抹在長棍麵包上而不是墨西哥薄餅，一定跟龍舌蘭酒很搭。

長棍麵包……1/8 片
法式奶油白醬（p.90）……40g
鮪魚醬（p.36）……40g
番茄莎莎醬……20g
格拉娜‧帕達諾乳酪、黑胡椒
　……少許

1　長棍麵包抹上法式奶油白醬。
2　抹上鮪魚醬和番茄莎莎醬，
　撒上格拉娜‧帕達諾乳酪。
3　放進230℃的烤箱烤 8 ～ 10
　分鐘，最後撒上黑胡椒。

用於開放式三明治的
麵包切法

1
切掉長棍麵
包的上下兩
端，再切成
4 等分。

2
從中間橫切成
兩半。

3
變成 1/8。

番茄莎莎醬的作法　（方便製作的分量）

番茄……1 顆
芹菜……1/2 根
洋蔥……1/4 顆
小茴香粉……1/2 大茶匙
卡宴辣椒粉……1/2 小茶匙
紅酒醋……2 大茶匙

甜椒粉……少許
鹽、黑胡椒、橄欖油……各少許

1　把蔬菜各自切成 1cm 角丁。
2　把所有材料混合均勻。

沒有專業烤箱的時候……
用小烤箱烤3～4分鐘後，
蓋上鋁箔紙讓它繼續溫熱
2分鐘。

五種奶油煮菇的開放式三明治

把秋天的時鮮用濃郁的奶油煮過，做成豪華的開放式三明治。
是濃縮菇類鮮味的絕品醬汁。

長棍麵包……1/8 片
法式奶油白醬（p.90）……40g
奶油煮菇……50g
帕馬森乾酪、黑胡椒……各少許

1　長棍麵包上抹上法式奶油白醬。
2　放上奶油煮菇，撒上乳酪。
3　放進230℃的烤箱烤 8 ～ 10 分鐘，最後
　撒上黑胡椒。

奶油煮菇的作法　（方便製作的分量）

香菇、鴻喜菇、磨菇……各 1/2 包
杏鮑菇、舞菇……各 1/4 包
奶油……15g
大蒜（切碎）……1/2 瓣
白酒……15g
鮮奶油……20g
鹽、黑胡椒……各少許

1　香菇切成 4 等分，杏鮑菇切成 3cm 長，磨菇對
　半切，鴻喜菇跟舞菇分成小株。
2　鍋內放進奶油和大蒜，用小火把大蒜炒到上色。
3　把步驟 1 的菇類加入鍋中，用中火拌炒，等出
　水後加入白酒，酒精揮發後，炒到水分收乾。
4　加入鮮奶油，用小火熬煮，再用鹽和黑胡椒調味。

奶油乳酪和杏桃的三明治

杏桃用白酒慢慢燉煮，然後用伯爵紅茶和薔薇果增添香味，
這個跟法國麵包意外速配。

法國麵包……1 個
奶油乳酪……20g
白酒煮杏桃……50g
奶油、黑胡椒……各少許

1　切開法國麵包，於內側塗上奶油。
2　塗上奶油乳酪，放上白酒煮杏桃，撒上黑胡椒。

杏桃白酒煮作法 （方便製作的分量）

杏桃乾……200g
白蘭地……10g
白酒……35g
伯爵紅茶茶葉……1/2 小茶匙
薔薇果茶葉……1/2 小茶匙
A｜細砂糖……20g
　　黑胡椒（顆粒）、迷迭香
　　　　……各少許

1　把鍋內的白蘭地煮到酒精揮發後，加入白酒，熬煮到剩下一半為止。
2　加入杏桃乾後，加入額外的水，水量不要完全淹沒杏桃乾，讓它露出一點點，然後熬煮。
3　等杏桃乾變軟後，加入 A 的調味料，煮出稠度。
2　在另一個鍋子放入 50g 的水煮滾，放進茶葉，關火燜煮 5 分鐘。
5　一邊濾掉步驟 4 的茶葉，一邊混入步驟 3 的杏桃醬汁。

覆盆子和腰果的
巧克力醬三明治

巧克力和酸甜的覆盆子是基本組合，腰果濃郁的口感可以提昇風味。

法國麵包……1 個
Nutella 榛果巧克力醬……35g
腰果……20g
覆盆子醬……15g
奶油、黑胡椒……各少許

1　切開法國麵包，於內側塗上奶油。
2　抹上榛果巧克力醬，放上腰果與覆盆子醬，撒上黑胡椒。

覆盆子醬的作法 （方便製作的分量）

覆盆子（新鮮）……200g
細砂糖……180g
檸檬汁……少許

1　在鍋內放入覆盆子與細砂糖，熬煮的時候要一邊攪拌，注意不要煮焦掉。
2　把多餘水分煮乾，等變濃稠後，加檸檬汁，關火。

柿子和伯爵紅茶的三明治

秋天限定的水果三明治，使用了新鮮的柿子。
帶有伯爵紅茶精華之風味的鮮奶油，讓整體變得高雅。

白土司……2 片
柿子（切片）……35g
伯爵紅茶的打發鮮奶油……30g
奶油……少許

1　在白土司上塗奶油，把打發的鮮奶油擠在上面。
2　把柿子排上去，蓋上另一片土司做成三明治。
3　用保鮮膜包起來，放進冰箱冰 15 分鐘固定，然後切掉土司邊後再切半。

伯爵紅茶的打發鮮奶油作法 （方便製作的分量）

伯爵紅茶茶葉……3g
水……100g
A　鮮奶油（乳脂肪 40%）……100g
　　細砂糖……15g
　　蘭姆酒……2g

1　在鍋裡放入茶葉跟水，煮滾後關火燜煮 2 分鐘。
2　濾掉步驟 1 的茶葉，移到其他的小鍋子，用小火把水量熬煮到剩下 1mm 的高度，然後放涼。
3　在調理碗裡放入步驟 2 的茶和 A 的材料，用攪拌器把鮮奶油打發。

哈密瓜與芒果醬的三明治

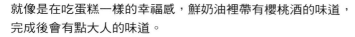

就像是在吃蛋糕一樣的幸福感，鮮奶油裡帶有櫻桃酒的味道，
完成後會有點大人的味道。

白土司……2 片
哈密瓜……35g
芒果醬……20g
打發的鮮奶油……30g
奶油……少許

1　在一片白土司上塗奶油，在另一片上塗芒果醬。
2　接著把打發的鮮奶油擠上抹平，鋪上哈密瓜後，蓋上另一片土司做成三明治。
3　用保鮮膜包起來，放進冰箱冰 15 分鐘固定，然後切掉土司邊後再切半。

打發鮮奶油的作法 （方便製作的分量）

鮮奶油（乳脂肪 40%）……100g
細砂糖……15g
櫻桃酒……2g

1　把所有材料放進調理碗裡，用攪拌器把鮮奶油打發。

芒果醬的作法 （方便製作的分量）

芒果（新鮮或冷凍）……100g
細砂糖……20g
檸檬汁……少許

1　鍋裡放入芒果和細砂糖混合，靜置 30 分鐘。
2　用小火熬煮，煮到可以抹在麵包上的硬度時，加入檸檬汁攪拌均勻。

愛上法式三明治：自由搭配的美味

作　　　者	勝野真一
攝　　　影	須藤敬一
譯　　　者	劉季樺
發　行　人	林敬彬
主　　　編	楊安瑜
副　主　編	黃谷光
責　任　編　輯	黃谷光
內　頁　編　排	詹雅卉（帛格有限公司）
封　面　設　計	彭子馨（Lammy Design）

出　　　版　　大都會文化事業有限公司
發　　　行　　大都會文化事業有限公司
　　　　　　　11051台北市信義區基隆路一段432號4樓之9
　　　　　　　讀者服務專線：(02)27235216
　　　　　　　讀者服務傳真：(02)27235220
　　　　　　　電子郵件信箱：metro@ms21.hinet.net
　　　　　　　網　　　址：www.metrobook.com.tw

郵　政　劃　撥　　14050529 大都會文化事業有限公司
出　版　日　期　　2016年11月初版一刷
定　　　價　　　　300元
I　S　B　N　　　978-986-5719-88-3
書　　　號　　　　i-cook-10

ITOKITO NO FRENCH STYLE SANDWICH by Shinichi Katsuno [itokito]
Copyright©Shinichi Katsuno, 2012
All rights reserved.
Original Japanese edition published by Mynavi Corporation
Chinese (complex) translation copyright©2016 by Metropolitan Culture Enterprise Co., Ltd.
This Chinese (complex) edition published by arrangement with Mynavi Corporation, Tokyo, through HonnoKizuna, Inc., Tokyo, and Sun Cultural Enterprises Ltd.

◎本書如有缺頁、破損、裝訂錯誤，請寄回本公司更換

國家圖書館出版品預行編目（CIP）資料

愛上法式三明治：自由搭配的美味／勝野真一著；
劉季樺譯 -- 初版. -- 臺北市：大都會文化，
2016.11
96面；17×23公分
ISBN 978-986-5719-88-3（平裝）

1.速食食譜

427.14　　　　　　　　　　　　　　105017916